"十四五"职业教育国家规划教材

中等职业教育"十三五"规划教材

化工单元操作技术

主　编　阎汝强　李朋朋

副主编　赵　芹　益建娟　任　琰　张　嵩
　　　　王　静　卢海涛　辛树涛

本书数字资源请扫码

北　京

冶金工业出版社

2024

内 容 提 要

本书共设置离心泵装置操作、传热装置操作、管路安装与拆卸、精馏装置操作、吸收-解吸装置操作、干燥装置操作、间歇式反应釜装置操作、流化床反应器装置操作和萃取装置操作九个项目，每个项目中又设计了若干任务以及实训练习，使学生通过本课程的学习，掌握流体输送设备、传热、精馏、吸收、萃取、干燥等化工单元操作所必备的基本技能和相关知识。

本书可作为化工行业相关工种的职业技能培训教材，也可作为中等职业学校化工类专业实践教学教材。

图书在版编目(CIP)数据

化工单元操作技术/阎汝强，李朋朋主编．—北京：冶金工业出版社，2019.10（2024.7重印）

中等职业教育"十三五"规划教材

ISBN 978-7-5024-8301-2

Ⅰ.①化…　Ⅱ.①阎…　②李…　Ⅲ.①化工单元操作—中等专业学校—教材　Ⅳ.①TQ02

中国版本图书馆 CIP 数据核字(2019)第 235230 号

化工单元操作技术

出版发行	冶金工业出版社	**电　话**	(010)64027926
地　址	北京市东城区嵩祝院北巷 39 号	**邮　编**	100009
网　址	www.mip1953.com	**电子信箱**	service@ mip1953.com

责任编辑　曾　媛　美术编辑　郑小利　版式设计　禹　蕊
责任校对　李　娜　责任印制　窦　唯
北京虎彩文化传播有限公司印刷
2019 年 10 月第 1 版，2024 年 7 月第 2 次印刷
787mm×1092mm　1/16；15.25 印张；370 千字；237 页
定价 45.00 元

投稿电话　(010)64027932　投稿信箱　tougao@cnmip.com.cn
营销中心电话　(010)64044283
冶金工业出版社天猫旗舰店　yjgycbs.tmall.com
(本书如有印装质量问题，本社营销中心负责退换)

前　言

本书根据教育部颁发的中等职业学校现行化工类及相关专业教学指导方案，结合中等职业学校化工类专业课程改革，并参照《化工行业常见技术工种操作规范与国家职业技能鉴定标准》进行编写。

"化工单元操作技术"是针对化工产品工艺和生产操作工、分析检验人员、设备维护员、生产管理员等所从事的工艺制定与实施、原辅材料预处理、产品提取等典型工作任务进行分析后，归纳总结出其所需的设备的操作、调试、检修、维护等能力要求而设置的课程。

本书以单元操作为内容，以传递过程原理和研究方法为主线，内容包括离心泵装置操作、传热装置操作、管路安装与拆卸、精馏装置操作、吸收-解吸装置操作、干燥装置操作、间歇式反应釜装置操作、流化床装置操作、萃取装置操作等九个模块。

本书知识性、实用性、可读性强，简明扼要，通俗易懂，可作为中等职业学校化学工艺类专业的教材，同时可供从事化工生产的专业技术人员，生产操作人员及管理人员参考使用，也可作为企业新进员工的培训理论教材。

教学建议：

（1）在教学过程中，要紧密联系生产实际，可在生产装置上进行实训，也可采用仿真系统进行实训。各学校可根据专业方向及教学培训条件，选择相应模块和项目进行教学。

（2）课程最适宜采用模块化教学，理论课和实践课的课时安排控制在1∶1左右。

（3）提倡在实训室或专业教室上课，采用现场式、小班化教学，由具备较强实践能力的双师型教师任教。教学中宜采用讲练结合的教学方法，理论与实践教学一体化。

（4）教学中应特别注重基本技能的训练，培养学生具有良好的工作素养和动手能力，并紧密结合相关工种职业技能鉴定，加强相应实训项目的训练。

学时分配建议如下：

序号	教学内容	学时数
1	离心泵装置操作	12
2	传热装置操作	10
3	管路安装与拆卸	10
4	精馏装置操作	12
5	吸收-解吸装置操作	12
6	干燥装置操作	10
7	间歇式反应釜装置操作	10
8	流化床反应器装置操作	12
9	萃取装置操作	12
合　计		100

参加本书编写的人员有：阎汝强（离心泵装置的操作、萃取装置操作）、李朋朋（流化床反应器装置的操作）、任琰（传热装置操作）、张嵩（管路安装与拆卸）、益建娟（吸收-解吸装置操作）、赵芹（干燥装置操作）、王静（精馏装置操作）、魏国华（间歇式反应釜装置操作）。其中阎汝强、李朋朋担任主编，负责统稿工作，王静、卢海涛、辛树涛负责企业实际运用案例的收集整理。

由于编者水平所限，本书不足之处在所难免，敬请使用本书的教师及广大读者批评指正。

编　者

2019 年 10 月

目　录

项目一 离心泵装置操作

任务一 生产准备

学习目标：

（1）能指出页面中所有装置的名称；

（2）能简单描述出页面中装置的作用；

（3）能按照步骤完成操作；

（4）根据仿真练习能初步掌握离心泵的操作和故障处理方法。

任务实施：

仿真练习

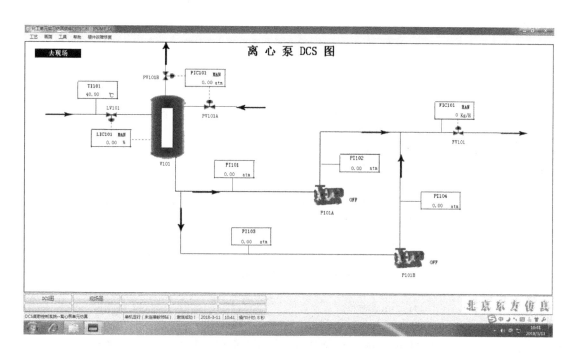

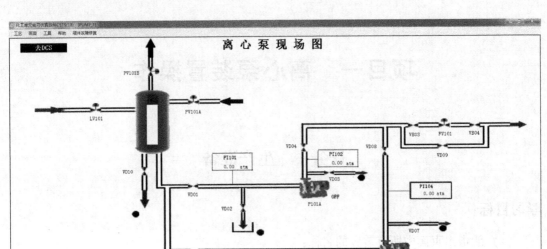

操作过程详单

单元过程	步　骤
离心泵的冷态开车	出料： （1）打开 FIC101 阀的前阀 VB03； （2）打开 FIC101 阀的后阀 VB04； （3）打开调节阀 FIC101； （4）调节 FIC101 阀，使流量控制 20000kg/h 时投自动； （5）V101 罐液位； （6）P101A 泵入口压力； （7）P101B 泵入口压力； （8）P101A 泵出口压力； （9）P101B 泵出口压力； （10）V101 罐压； （11）出口流量。 启动 A 或 B 泵： （1）准备启动 A 泵：待罐 V101 压力达到正常后，打开 P101A 前阀 VD01； （2）打开排气阀 VD03 排放不凝气； （3）待泵内不凝气排尽后，关闭 VD03； （4）启动 P101A 泵； （5）待 PI102 指示压力比 PI101 大 2 倍后，打开泵出口阀 VD04； （6）P101A 泵入口压力； （7）V101 罐液位； （8）V101 罐压； （9）准备启动 B 泵：待罐 V101 压力达到正常后，打开 P101B 前阀 VD05； （10）打开排气阀 VD07 排放不凝气；

续表

单元过程	步　骤
离心泵的冷态开车	（11）待泵内不凝气排尽后，关闭 VD07； （12）启动 P101B 泵； （13）待 PI104 指示压力比 PI103 大 2 倍后，打开泵出口阀 VD08； （14）P101B 泵入口压力。 扣分项目： （1）出口流量太大； （2）A 泵入口压力没有达到开泵要求； （3）B 泵入口压力没有达到开泵要求； （4）过早开启 A 泵出口阀； （5）过早开启 B 泵出口阀； （6）水罐液位太高； （7）水罐溢出； （8）V101 罐压力太高。 罐 V101 开进料： （1）打开 LIC101 调节阀向罐 V101 充液； （2）待罐 V101 液位大于 5%后，打开 PV101A 对罐 V101 充压； （3）罐 V101 液位控制在 50%左右时 LIC101 投自动； （4）罐 V101 液位控制 LIC101 设定值 50%； （5）罐 V101 压力控制在 5atm 左右时，PIC01 投自动； （6）罐 V101 压力控制 PIC101 设定值 5atm； （7）V101 罐液位
离心泵的正常停车	V101 罐停进料： （1）LIC101 置手动； （2）关闭 LIC101 调节阀，停 V101 罐进料。 V101 罐泄压、泄液： （1）待 V101 罐液位低于 10%后，打开罐泄压阀 VD10； （2）待 V101 罐液位低于 5%后，打开 PIC101 泄压； （3）观察 V101 罐泄液阀 VD10 的出口； （4）待罐 V101 液体排净后，关闭泄液阀 VD10； （5）液位降为 0； （6）压力降为 0。 泵 P101A 泄液： （1）打开泵前泄液阀 VD02； （2）观察 P101A 泵泄液阀 VD02 的出口； （3）关闭 P101A 泵泄液阀 VD02。 扣分项目： （1）错误开启进料阀； （2）重新开泵 P101A； （3）出口流量太大； （4）液罐压力太高。 停泵 P101A： （1）FIC101 置手动； （2）逐渐缓慢开大阀门 FV101，增大出口流量；

单元过程		步　骤
离心泵的正常停车		（3）注意防止 FI101 值超出高限 30000； （4）待液位小于 10% 时，关闭 P101A 泵的后阀； （5）停 P101A 泵； （6）关闭泵 P101A 前阀 VD01； （7）关闭 FIC101 调节阀； （8）关闭 FIC101 调节阀前阀； （9）关闭 FIC101 调节阀后阀
离心泵的正常运行		扣分项目： （1）出口流量太大； （2）水罐液位太高； （3）水罐溢出； （4）V101 罐压力太高； （5）出口流量太大。 质量评分： （1）V101 罐液位 LIC101 稳定在 50%； （2）V101 罐压 PIC101 稳定在 5atm； （3）P101A 泵入口压力 PI101 稳定在 4atm； （4）P101A 泵出口压力 PI102 稳定在 12atm； （5）P101 出口流量 FI101 稳定在 20000kg/h； （6）起始总分归零； （7）操作时间达到 3 分钟； （8）操作时间达到 6 分钟； （9）操作时间达到 9 分钟； （10）操作时间达到 12 分钟； （11）操作时间达到 14 分钟 45 秒
离心泵常见故障	FIC101 阀卡	扣分项目： （1）错误开启 B 泵； （2）错误关闭 A 泵； （3）罐液位太高； （4）罐液位太低； （5）出口流量太大。 调节流量： （1）调节 FIC101 的旁路阀（VD09），使流量达到正常值 20000kg/h； （2）关闭 VB03； （3）关闭 VB04； （4）FIC101 转换到手动； （5）手动关闭流量控制阀 FIC101； （6）流量正常值 20000kg/h； （7）V101 罐液位； （8）P101A 泵入口压力； （9）P101A 泵出口压力

续表

单元过程		步　骤
离心泵常见故障	P101A泵气缚	关闭泵 P101A： （1）将 FIC101 切换到手动； （2）将 FIC101 阀关闭； （3）关闭 P101A 泵后阀 VD04； （4）关闭 P101A 泵； （5）关闭 P101A 泵前阀 VD01； （6）V101 罐液位。 开泵 P101A： （1）打开 P101A 泵前阀 VD01； （2）打开排气阀 VD03 排放不凝气； （3）待泵内不凝气排尽后，关闭 VD03； （4）启动 P101A 泵； （5）待 PI102 指示压力比 PI101 大 2 倍后，打开泵出口阀 VD04； （6）手动缓慢打开 FIC101； （7）流量稳定后 FIC101 投自动； （8）FIC101 设定值为 20000； （9）V101 罐液位； （10）P101A 泵入口压力； （11）FIC101 流量； （12）P101A 泵出口压力。 扣分项目： （1）错误开启排泄阀 VD10； （2）错误开启排泄阀 VD06； （3）错误开启 B 泵； （4）罐液位太高； （5）罐液位太低； （6）出口流量太大； （7）泵出口压力过大
	P101A泵气蚀	关闭泵 P101A： （1）关闭 P101A 泵后阀 VD04； （2）关闭 P101A 泵； （3）关闭 P101A 泵前阀 VD01； （4）打开 P101A 泵前泄压阀 VD02； （5）当不再有液体泄出时，显示标志变为红色； （6）关闭 P101A 泵泄液阀 VD02； （7）V101 罐液位； （8）P101B 泵入口压力； （9）P101B 泵出口压力； （10）外输流量 FI101。 扣分项目： （1）泵重新启动；

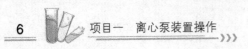

单元过程		步　骤
离心泵常见故障	P101A泵气蚀	（2）泵入口压力没有达到开泵要求； （3）过早开启出口阀； （4）罐液位太高； （5）罐液位太低； （6）出口流量太大； （7）罐压力太高。 切换备用泵P101B： （1）将FIC101切换到手动； （2）将FIC101阀关闭； （3）打开P101B泵前阀VD05； （4）打开排气阀VD07排放不凝气； （5）待泵内不凝气排尽后，关闭VD07； （6）启动P101B泵； （7）待PI104指示压力比PI103大2倍后，打开泵出口阀VD08； （8）手动缓慢打开FIC101； （9）流量稳定后FIC101投自动； （10）FIC101设定值为20000； （11）V101罐液位
	P101A泵入口管线堵	关闭泵P101A： （1）关闭P101A泵后阀VD04； （2）关闭P101A泵； （3）关闭P101A泵前阀VD01； （4）打开P101A泵前泄液阀VD02； （5）关闭P101A泵泄液阀VD02； （6）V101罐液位； （7）P101B泵入口压力； （8）P101B泵出口压力； （9）外输流量FI101。 扣分项目： （1）A泵重新启动； （2）泵入口压力没有达到开泵要求； （3）过早开启出口阀； （4）罐液位太高； （5）罐液位太低； （6）出口流量太大； （7）罐压力太高。 切换备用泵P101B： （1）将FIC101切换到手动； （2）将FIC101阀关闭； （3）打开P101B泵前阀VD05； （4）打开排气阀VD07排放不凝气；

续表

单元过程		步　骤
离心泵常见故障	P101A泵入口管线堵	（5）待泵内不凝气排尽后，关闭 VD07； （6）启动 P101B 泵； （7）待 PI104 指示压力比 PI103 大 2 倍后，打开泵出口阀 VD08； （8）手动缓慢打开 FIC101； （9）流量稳定后 FIC101 投自动； （10）FIC101 设定值为 20000； （11）V101 罐液位
	泵坏	关闭泵 P101A： （1）关闭 P101A 泵后阀 VD04； （2）关闭 P101A 泵； （3）关闭 P101A 泵前阀 VD01； （4）打开 P101A 泵前泄压阀 VD02； （5）当不再有液体泄出时，显示标志变为红色； （6）关闭 P101A 泵泄液阀 VD02； （7）V101 罐液位； （8）P101B 泵入口压力； （9）P101B 泵出口压力； （10）外输流量 FI101。 扣分项目： （1）A 泵重新启动； （2）泵入口压力没有达到开泵要求； （3）过早开启出口阀； （4）罐液位太高； （5）罐液位太低； （6）出口流量太大； （7）罐压力太高。 切换备用泵： （1）将 FIC101 切换到手动； （2）将 FIC101 阀关闭； （3）打开 P101B 泵前阀 VD05； （4）打开排气阀 VD07 排放不凝气； （5）待泵内不凝气排尽后，关闭 VD07； （6）启动 101B 泵； （7）待 PI104 指示压力比 PI103 大 2 倍后，打开泵出口阀 VD08； （8）手动缓慢打开 FIC101； （9）流量稳定后 FIC101 投自动； （10）FIC101 设定值为 20000； （11）V101 罐液位

任务二　装置操作

学习目标：

一、知识目标

（1）能复述离心泵的工作点，概述离心泵工作点的控制方法。
（2）能概述离心泵装置的开车操作规程。
（3）能概述离心泵装置的停车操作规程。
（4）能列举交接班记录的基本要素。

二、技能目标

（1）能按照操作规程要求完成离心泵装置的开车操作。
（2）能完成本岗位交接班记录；完成穿戴个人防护用品。
（3）能完成正常操作的情况下控制生产所需的流量，完成离心泵装置生产负荷的调控，按要求完成记录装置运行的工艺参数。
（4）能按照操作规程要求完成离心泵装置的停车操作。

任务实施：

1　知识准备

1.1　离心泵的特性曲线

水泵的性能参数如流量 Q、扬程 H、轴功率 N、转速 n、效率 η 之间存在一定的关系。它们之间的量值变化关系用曲线来表示，这种曲线就称为水泵的性能曲线（图1-1）。

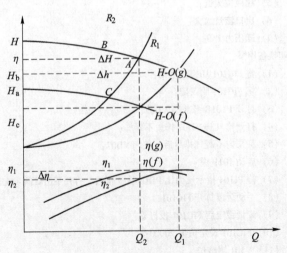

图1-1　水泵的性能曲线

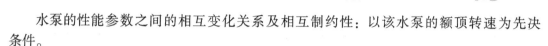

水泵的性能参数之间的相互变化关系及相互制约性：以该水泵的额顶转速为先决条件。

水泵性能曲线主要有三条曲线：流量-扬程曲线，流量-功率曲线，流量-效率曲线。

1.1.1　流量-扬程特性曲线

流量-扬程特性曲线是离心泵的基本性能曲线。比转速小于 80 的离心泵具有上升和下降的特点（即中间凸起，两边下弯），称驼峰性能曲线。比转速在 80~150 之间的离心泵具有平坦的性能曲线。比转速在 150 以上的离心泵具有陡降性能曲线。一般当流量小时扬程就高，随着流量的增加扬程逐渐下降。

1.1.2　流量-功率曲线

轴功率是随着流量而增加的，当流量 $Q = 0$ 时，相应的轴功率并不等于零，而为一定值（正常运行的 60% 左右）。这个功率主要消耗于机械损失上。此时水泵里是充满水的，如果长时间运行，会导致泵内温度不断升高，泵壳、轴承会发热，严重时可能使泵体热力变形，称为"闷水头"，此时扬程为最大值。当出水阀逐渐打开时，流量就会逐渐增加，轴功率也缓慢增加。

1.1.3　流量-效率曲线

流量-效率曲线形状像山头，当流量为零时，效率也等于零；随着流量的增大，效率也逐渐增加，但增加到一定数值之后效率就下降了。效率有一个最高值，在最高效率点附近效率都比较高，这个区域称为高效率区。

1.2　离心泵的工作点和流量的调节

1.2.1　离心泵的工作点

当泵安装在一定管路系统中时，泵的特性曲线与管路和曲线的交点即为泵的工作点。工作点所示的流量与压头既是泵提供的流量和压头，又是管路所需的流量和压头。离心泵只有在工作点工作，管中流量才能稳定。泵的工作点以在泵的效率最高区域内为宜。

1.2.2　离心泵流量的调节

离心泵是目前使用最为广泛的泵产品，广泛使用在石油天然气、石化、化工、钢铁、电力、食品饮料、制药及水处理行业。如何经济有效地控制泵输出流量曾经引发过大讨论，曾一度流行全部使用变频调速来控制输出流量，取消所有控制阀控制流量的形式，目前市场上有 4 种广泛使用的方法：

方法一：出口阀开度调节。这种方法中泵与出口管路调节阀串联，它的实际效果如同采用了新的泵系统，泵的最大输出压头没有改变，但是流量曲线有所衰减。

方法二：旁路阀调节。这种方法中阀门和泵并联，它的实际效果如同采用了新的泵系统，泵的最大输出压头发生改变，同时流量曲线特性也发生变化，流量曲线更接近线形。

方法三：调整叶轮直径。这种方法不使用任何外部组件，流量特性曲线随直径变化而变化。

方法四：调速控制。叶轮转速变化直接改变泵的流量曲线，曲线的特性不发生变化，转速降低时，曲线变的扁平，压头和最大流量均减小。

表 1-1 总结出了各种流量调节方法，每种方法各有优缺点，应根据实际情况选用。

表1-1 流量调节方法

流量调节方法	连续调节	泵的流量特性曲线变化	泵系统的效率变化	流量减小20%时，泵的功率消耗/%
出口阀开度调节	可以	最大流量减小，总压头不变，流量特性略微变化	明显降低	94
旁路阀调节	可以	总压头减小，曲线特性发生变化	明显降低	110
调整叶轮直径	不可以	最大流量和压头均减小，流量特性不变	轻微降低	67
调速控制	可以	最大流量和压头均减小，流量特性不变	轻微降低	65

1.3 离心泵的启动

（1）泵入口阀全开。

（2）点动电机，检查电机和泵的旋转方向是否一致（电机检修后的泵一定要检查此项）。泵的旋转方向：从驱动端看，按顺时针方向旋转。

（3）启动电机，全面检查泵的运转情况。当泵达到额定转数时，检查空负荷电流是否超高。

（4）当泵出口压力高于操作压力时，逐渐开大出口阀，控制好泵的流量压力（出口全关启动泵是离心泵最标准的做法，主要目的是流量为0时轴功率最低，从而降低泵的启动电流；泵开启后，关闭出口阀的时间不能超过3min。因为泵在关闭排出阀运转时，叶轮所产生的全部能量都变成热能使泵变热，时间一长有可能把泵的摩擦部位烧毁）。

（5）检查电机电流是否在额定值，超负荷时，应停车检查（这是检查泵运行是否正常的一个重要指标）。

在启动完后还需要检查电机、泵是否有杂音，是否异常振动，是否有泄漏等后才能离开。

1.4 离心泵的停机

1.4.1 停泵

当出现下列情况之一时，必须紧急停泵：

（1）由于设备运行引起人身事故；

（2）轴瓦温度超过规定或供油中断，危及设备安全运行；

（3）机泵出现不正常响声或剧烈的震动；

（4）电机电流突然发生较大幅度的波动；

（5）机泵温度因超过规定值而发生冒烟或出现焦煳味；

（6）泵抽空或发生汽蚀现象，泵压变化异常，泵身发烫；

（7）泵油盒进水，润滑油严重变色或含水过高；

（8）干压高，泵排量很小或排不出水，效率极低；

（9）泵体漏水，机泵转子移位或系统发生泄漏、管线破裂等事故。

1.4.2　离心泵的停机

（1）逐渐关闭泵的出口阀。

（2）当出口阀关闭后停电机。

（3）泵停止运转后，泵体温度降至常温后停止冷却水。

（4）待机泵空转停稳后，关闭泵进口阀门。

（5）在停用泵机组上挂上停运标志牌，做好停运记录及停用泵机组的卫生清洁工作。

（6）如环境温度低于5℃时，应将泵内水放出，以免冻裂。

1.5　离心泵岗位要求

在实际的生产过程中对于离心泵岗位的工作人员是有相关的岗位要求的，虽然每个工厂的实际情况不同，岗位的具体要求有所差异，但是基本要素都是一致的。这里以某厂的水泵岗位职责为例来一起学习一下。

某化工厂水泵工岗位责任制

一、一般规定

（1）水泵工必须经过培训，考试合格，取得合格证后方可持证上岗操作。

（2）水泵工必须熟悉掌握排水设备的构造、性能、技术特点、动作原理，并要做到会使用、会保养、会排除一般性故障。

（3）严格遵守有关规章制度和劳动纪律，不得干与本职工作无关的事。

二、水泵工岗位责任制

1. 整齐

泵房内机电设备及环境清洁整齐。

2. 及时

（1）及时填写记录，发现问题及时汇报。

（2）按水位变化情况及时开、停水泵。

3. 注意

（1）注意各种仪表的读数。

（2）注意倾听设备的声音。

（3）注意电动机、泵体及轴承（或轴瓦）的温度。

4. 拒绝

（1）对于违章指挥者有权拒绝作业。

（2）设备检修不合格有权拒绝接收。

（3）材料、配件、安全用具不合格有权拒绝使用。

5. 严格

（1）严格遵守交接班制度，要按时在工作地点交接班。

（2）严格遵守操作规程。

（3）严格遵守劳动纪律，不迟到、不早退、不准在班上睡觉。

（4）严格执行出入制度。

某化工厂水泵工交接班制度

（1）水泵工上下班时必须按时在工作地点进行现场交接班。

（2）交接班时，当班水泵工与接班水泵工必须一起对设备状况、排水情况、环境卫生、各项记录等进行交接，然后双方共同签字。

（3）出现下列情况之一者，接班人应拒绝接班；必须由交班人进行处理后，再进行交接：

1）设备有问题弄不清；

2）记录不清楚；

3）工具、材料、备件及安全用具不全；

4）环境卫生不好。

（4）交接班人发现接班人喝了酒或精神不正常，不得交班，并向上级汇报情况，待新的接班人来到后，再进行交班。

水泵工交接班记录

项目	检查内容	八点班		四点班		零点班		存在问题及处理情况
		是	否	是	否	是	否	
设备情况	1. 消防设施是否齐全完好							
	2. 水泵运转是否正常							
	3. 各连接阀门是否完好							
	4. 压力表读数是否正常							
	5. 电机和水泵轴承温度是否正常							
	6. 备用水泵是否完好							
文明生产	1. 接班人员着装是否符合规定							
	2. 机房内环境卫生是否整洁							
	3. 各种记录填写是否规范完整							
	4. 接班人员精神状态是否良好							
交接班现场	接班人员签名：							说明：检查结果"合格"在"是"栏内打"√"，不合格在"否"栏内打"×"。并将问题填写在"存在问题"栏
	交班人员签名：							
	交接班时间：　年　月　日							

2　工作任务单

项目一	离心泵装置操作
任务二	装置操作
班级	
时间	
小组	
任务内容	一、简述离心泵的启动、停止的操作规程。 二、简述离心泵岗位的岗位职责和交接班的基本要素。 三、简述在实际生产中离心泵生产负荷的调控方法。 四、简述离心泵岗位的安全注意事项。 五、思考一台离心泵在正常运行一段时间后，流量开始下降，可能会是哪些原因导致的？
任务中的疑惑	

任务三   设备的维护与保养

学习目标:

一、知识目标

能概述离心泵的日常保养维护注意事项。

二、技能目标

能完成对离心泵的日常保养。

任务实施:

1   知识准备

离心泵的日常维护保养常识:

(1) 运行前、运行过程中必须定期检查电动机的相对地间绝缘电阻,并检查接地情况,查看电缆表皮是否破裂等。

(2) 检查离心泵管路及结合处有无松动现象。用手转动离心泵,试看离心泵是否灵活。

(3) 向轴承体内加入轴承润滑机油,观察油位应在油标的中心线处,润滑油应及时更换或补充。

(4) 尽量控制离心泵的流量和扬程在标牌上注明的范围内,以保证离心泵在最高效率点运转,以获得最大的节能效果。

(5) 离心泵在运行过程中,轴承温度不能超过环境温度 35℃,最高温度不得超过 80℃。

(6) 如发现离心泵有异常声音应立即停车检查原因。

(7) 离心泵要停止使用时,先关闭闸阀、压力表,然后停止电机。

(8) 离心泵在工作第一个月内,经 100 小时更换润滑油,以后每个 500 小时换油一次。

(9) 经常调整填料压盖,保证填料室内的滴漏情况正常(以成滴漏出为宜)。

(10) 定期检查轴套的磨损情况,磨损较大后应及时更换。卧式离心泵要定期检查水泵联轴器找正情况,机组大修期一般为一年。

(11) 离心泵在寒冬季节使用时,停车后需将泵体下部放水螺塞拧开,将介质放净,防止冻裂。

(12) 离心泵长期停用,需将泵全部拆开,擦干水分,将转动部位及结合处涂以油脂装好,妥善保护。

(13) 备用泵应定期替换运行,以减少电机定子绕组受潮的机会。

2　工作任务单

项目一	离心泵装置操作
任务三	设备的维护与保养
班级	
时间	
小组	
任务内容	一、离心泵维护与保养应当注意的事项。 二、写出下图中1~6的名称，并分别说出本部分的作用。 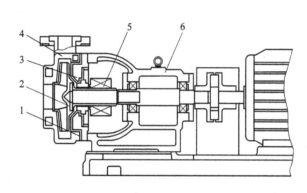
任务中的疑惑	

3　现场维修案例

3.1　P-101泵泵体磨损

工艺人员在巡检过程中发现P-101泵蜗壳底部泄漏，立即联系泵修人员现场确认。泵修巡检人员现场确认蜗壳底部有砂眼。3月1日，工艺人员将P-101泵放空、断电。3月2日上午，泵修人员现场拆检蜗壳，蜗壳拆除后，发现蜗壳下方已磨穿，蜗壳入口附近已被磨薄。泵体内有塔盘紧固件、螺栓各一个。经设备相关专业人员分析，无法现场对砂眼进行补焊时，外送修复。

原因：

（1）P-101/B泵入口未安装过滤器。

（2）紧固件、螺栓进入机泵蜗壳内部，现场巡检人员未及时发现机泵异常，导致磨损加剧。

整改措施：

（1）在机泵入口安装Y型过滤器，过滤器滤网尺寸综合考虑可能脱落的塔内件、紧固件等异物尺寸及过流面积、强度等因素。

（2）对P-101B泵蜗壳进行检查，拆检确认B泵蜗壳内是否存在同类异物、是否出现过度磨损情况，确定B泵工作状态、是否需要进行预防性修复。

（3）在过滤器安装之前，加强无过滤器机泵巡检，发现泵内异响、过载超电流等异常情况，及时处理。

（4）对机泵入口管线进行排查，避免管线内异物进入泵体。

（5）加强对机泵运行状况的巡查，出现超电流、异常噪声及振动等情况时，及时进行分析处理，避免设备故障或配件磨损的进一步扩大。

3.2　原料泵不上量

2012年3月26日22：00，内操发现Z-103付装置泵流量下降趋势，提变频后仍无明显变化，随即通知当班班长，班长立即去现场查看机泵运行情况，发现付装置P301A泵声音异常，立即通知班长、车间值班人员，进行应急处置。22：15当班人员现场进行切P301C泵操作时发现操作柱无电（3月23日运行正常且未做断电操作），启动按钮没有反应，立即联系电修值班人员供电，22：30左右备用泵P301C启动，双泵运行正常。22：39停P301A泵时（泵出线无止回阀），付装置量在22：39：25—22：40：13之间降为0，关闭P301A泵出线阀门后，付装置量逐步恢复正常。

原因：

（1）油浆卸车温度较低，油温50℃左右，泵边进边付，罐进线与罐出线阀门距离较近，造成部分低温油浆进入付装置泵，进而影响付装置量。

（2）付装置机泵P301A/C泵出线无止回阀，机泵切换过程中，未及时关闭P301A泵出线阀门，物料正常通过P301C泵的同时也逆向通过P301A泵体，导致原料付装置压力降低，供应量短暂降为0。

（3）付装置P301C泵启泵时，现场操作柱显示未送电，导致启泵不及时。

3.3　付装置泵断量

2012 年 8 月 9 日 15：05，操作室班长在盯盘过程中发现 1 号罐付装置过滤流量突然为 0（正常付装置量为 16t/h），随即对付装置泵变频进行调整，发现变频框处于无法输入变频状态，立即电话通知装置、当班班长，相关人员赶到泵房后发现付装置泵 P301B 操作柱电源指示灯处于停止状态，重新给电后，操作室仍不能正常输入变频。班长立即组织人员将付装置泵切至备用泵 P301C，15：10 原料供应恢复正常。随后电气专业到配电室查找原因，同时再次给 P301B 泵送电，此时配电室显示送电正常，操作室分别输入 5%、10%、20%变频进行测试，机泵运转正常。

在 DCS 端检查发现，供料泵 P301B（及其他供料泵）无联锁及远程启、停按钮，查询操作记录未发现操作工误操作记录。

检查变频器报警情况，也未找到报警、故障记录，且配电室、仪表间机柜都未发现端子松动、虚接、脱落迹象。

原因：

（1）根据 DCS 操作记录，未发现操作工有误操作记录，排除人为误操作可能。

（2）经过电气仪表及工艺人员现场紧急排查，未发现端子脱落、松动迹象，且校对变频器给定信号输出正常，排除信号给定、元器件老化问题。

（3）根据当时恢复情况，两分钟后在未进行维修处理情况下，异常机泵试运行正常，可推断在短期内（三分钟左右）变频器给定信号受到干扰，造成机泵 P301B 异常停机。

整改措施：

（1）仪表专业利用供料泵停泵间隙，联合电气校准变频控制电缆，并更换输出安全栅，以防止配件老化造成故障影响，防微杜渐，避免异常配件造成设备运行隐患。

（2）因变频器没有报任何故障，电气专业将可能影响电机停机的电气元件进行更换，具体操作如下：

1）更换现场操作柱，排除现场停止按钮可能老化或损坏的故障；

2）更换中间继电器，排除继电器启动点可能断开的故障；

3）更换抗晃电模块，排除并联启动点故障的可能；

4）为了加强信号抗干扰能力，在配电室内给变频信号加装隔离栅。

（3）操作人员对付装置机泵、备用泵等关键设备加强巡检、定期盘车及维护保养，对机泵操作柱送电状态、备用泵备用状态检查到位并进行记录，确保机泵备用状态良好。

任务四　异常现象的判断与处理

学习目标：

一、知识目标

（1）能概述离心泵气缚现象产生的原因，概述处理离心泵气缚现象的措施。

（2）概述离心泵气蚀现象产生的原因，概述处理离心泵气蚀现象的措施。

（3）概述离心泵常见故障现象产生的原因。

（4）概述切换备用泵的操作规程。

二、技能目标

（1）能完成离心泵的异常现象的报告，完成离心泵的气缚现象的识别，完成离心泵的气缚现象的处理。

（2）能完成离心泵的异常现象的报告，完成离心泵的气蚀现象的识别，完成离心泵的气蚀现象的处理。

（3）能完成离心泵异常现象的报告，完成离心泵常见故障现象的识别。

（4）完成备用泵的启用。

任务实施：

1　知识准备

1.1　离心泵的气缚现象

1.1.1　气缚现象

离心泵启动时，若泵内存有空气，由于空气密度很小，旋转后产生的离心力小，因而叶轮中心区所形成的低压不足以吸入液体，这样虽启动离心泵也不能完成输送任务，这种现象称为气缚。

1.1.2　如何防止气缚现象

（1）在启动前向壳内灌满液体。

（2）做好壳体的密封工作，灌水的阀门和莲蓬头不能漏水，密封性要好。

（3）离心泵吸入管路装有底阀，以防止启动前灌入的液体从泵内流出。

（4）将离心泵的吸入口置于备输送液体的液面之下，液体会自动流入泵内。

1.2　离心泵的气蚀现象

1.2.1　气蚀现象

离心泵工作时，在叶轮中心区域产生真空，形成低压而将液体吸上。如果形成的低压很低，则离心泵的吸上能力越强表现为吸上高度越高。但是，真空区压强太低，以至于低于液体的饱和蒸汽压，则被吸上的液体在真空区发生大量汽化产生气泡。含气泡的液体挤入高压区后急剧凝结或破裂。因气泡的消失产生局部真空，周围的液体就以极高的速度流向气泡中心，瞬间产生极大的局部冲击力，造成对叶轮和泵壳的冲击，使材料受到破坏。把泵内气泡的形成和破裂使叶轮材料受到破坏的过程称为气蚀现象。

1.2.2　气蚀的危害

气蚀时传递到叶轮及泵壳的冲击波，加上液体中微量溶解的氧对金属化学腐蚀的共同作用，在一定时间后，可使其表面出现斑痕及裂缝，甚至呈海绵状逐步脱落；发生气蚀时，还会发出噪声，进而使泵体震动，可能导致泵的性能下降；同时由于蒸汽的生成使得液体的表观密度下降，于是液体实际流量、出口压力和效率都下降，严重时可导致完全不能输出液体。

1.2.3 气蚀现象发生的原因

(1) 进口管路阻力过大或者管路过细；

(2) 输送介质温度过高；

(3) 流量过大，也就是说出口阀门开得太大；

(4) 安装高度过高，影响泵的吸液量；

(5) 选型问题，包括泵的选型、泵材质的选型等。

1.2.4 气蚀的解决方法

(1) 清理进口管路的异物，使进口畅通，或者增加管径的大小；

(2) 降低输送介质的温度；

(3) 降低安装高度；

(4) 重新选泵，或者对泵的某些部件进行改进，比如选用耐气蚀材料等。

1.3 常见故障原因分析及处理

1.3.1 泵不能启动或启动负荷大

原因及处理方法如下：

(1) 原动机或电源不正常。处理方法是检查电源和原动机情况。

(2) 泵卡住。处理方法是用手盘动联轴器检查，必要时解体检查，消除动静部分故障。

(3) 填料压得太紧。处理方法是放松填料。

(4) 排出阀未关。处理方法是关闭排出阀，重新启动。

(5) 平衡管不通畅。处理方法是疏通平衡管。

1.3.2 泵不排液

原因及处理方法如下：

(1) 灌泵不足（或泵内气体未排完）。处理方法是重新灌泵。

(2) 泵转向不对。处理方法是检查旋转方向。

(3) 泵转速太低。处理方法是检查转速，提高转速。

(4) 滤网堵塞，底阀不灵。处理方法是检查滤网，消除杂物。

(5) 吸上高度太高，或吸液槽出现真空。处理方法是减低吸上高度，检查吸液槽压力。

1.3.3 泵排液后中断

原因及处理方法如下：

(1) 吸入管路漏气。处理方法是检查吸入侧管道连接处及填料函密封情况。

(2) 灌泵时吸入侧气体未排完。处理方法是要求重新灌泵。

(3) 吸入侧突然被异物堵住。处理方法是停泵处理异物。

(4) 吸入大量气体。处理方法是检查吸入口有否旋涡，淹没深度是否太浅。

1.3.4 流量不足

原因及处理方法如下：

(1) 泵转向不对。处理方法是检查旋转方向。

（2）泵转速太低。处理方法是检查转速，提高转速。

（3）系统静扬程增加。处理方法是检查液体高度和系统压力。

（4）阻力损失增加。处理方法是检查管路及止逆阀等障碍。

（5）壳体和叶轮耐磨环磨损过大。处理方法是更换或修理耐磨环及叶轮。

（6）其他部位漏液。处理方法是检查轴封等部位。

（7）泵叶轮堵塞、磨损、腐蚀。处理方法是清洗、检查、调换。

1.3.5　扬程不够

原因及处理方法如下：

（1）同1.3.2的（1）～（4），1.3.3的（1），1.3.4的（6）。处理方法是采取相应措施。

（2）叶轮装反（双吸轮）。处理方法是检查叶轮。

（3）液体密度、黏度与设计条件不符。处理方法是检查液体的物理性质。

（4）操作时流量太大。处理方法是减少流量。

1.3.6　运行中功耗大

原因及处理方法如下：

（1）叶轮与耐磨环、叶轮与壳有摩擦。处理方法是检查并修理。

（2）同1.3.5的（4）项。处理方法是减少流量。

（3）液体密度增加。处理方法是检查液体密度。

（4）填料压得太紧或干摩擦。处理方法是放松填料，检查水封管。

（5）轴承损坏。处理方法是检查修理或更换轴承。

（6）转速过高。处理方法是检查驱动机和电源。

（7）泵轴弯曲。处理方法是矫正泵轴。

（8）轴向力平衡装置失败。处理方法是检查平衡孔，回水管是否堵塞。

（9）联轴器对中不良或轴向间隙太小。处理方法是检查对中情况和调整轴向间隙。

1.3.7　泵振动或异常声响

原因及处理方法如下：

（1）同1.3.3的（4），1.3.6的（5）、（7）、（9）项。处理方法是采取相应措施。

（2）振动频率为0～40%工作转速。过大的轴承间隙，轴瓦松动，油内有杂质，油质（黏度、温度）不良，因空气或工艺液体使油起泡，润滑不良，轴承损坏。处理方法是检查后采取相应措施，如调整轴承间隙，清除油中杂质，更换新油。

（3）振动频率为60%～100%工作转速。有关轴承问题同（2），或者是密封间隙过大，护圈松动，密封磨损。处理方法是检查、调整或更换密封。

（4）振动频率为2倍工作转速。不对中，联轴器松动，密封装置摩擦，壳体变形，轴承损坏，支承共振，推力轴承损坏，轴弯曲，不良的配合。处理方法是检查，采取相应措施，修理、调整或更换。

（5）振动频率为n倍工作转速。压力脉动，不对中心，壳体变形，密封摩擦，支座或基础共振，管路、机器共振，处理方法是同（4），加固基础或管路。

（6）振动频率非常高。轴摩擦，密封、轴承不精密、轴承抖动，不良的收缩配合等。处理方法同（4）。

1.3.8 轴承发热

原因及处理方法如下：

（1）轴承瓦块刮研不合要求。处理方法是重新修理轴承瓦块或更换。

（2）轴承间隙过小。处理方法是重新调整轴承间隙或刮研。

（3）润滑油量不足，油质不良。处理方法是增加油量或更换润滑油。

（4）轴承装配不良。处理方法是按要求检查轴承装配情况，消除不合要求因素。

（5）冷却水断路。处理方法是检查、修理。

（6）轴承磨损或松动。处理方法是修理轴承或报废。若松动，复紧有关螺栓。

（7）泵轴弯曲。处理方法是矫正泵轴。

（8）甩油环变形，甩油环不能转动，带不上油。处理方法是更新甩油环。

（9）联轴器对中不良或轴向间隙太小。处理方法是检查对中情况和调整轴向间隙。

1.3.9 轴封发热

原因及处理方法如下：

（1）填料压得太紧或摩擦。处理方法是放松填料，检查水封管。

（2）水封圈与水封管错位。处理方法是重新检查对准。

（3）冲洗、冷却不良。处理方法是检查冲洗冷却循环管。

（4）机械密封有故障。处理方法是检查机械密封。

1.3.10 发生水击

原因及处理方法如下：

（1）由于突然停电，造成系统压力波动，出现排出系统负压，溶于液体中的气泡逸出使泵或管道内存在气体。处理方法是将气体排净。

（2）高压液柱由于突然停电迅猛倒灌，冲击在泵出口单向阀阀板上。处理方法是对泵的不合理排出系统的管道、管道附件的布置进行改造。

（3）出口管道的阀门关闭过快。处理方法是慢慢关闭阀门。

离心泵常见故障及处理方法

序号	异常现象	产生故障的原因	排除方法
1	轴承温度过高	1. 轴承间隙不合适 2. 轴承配合不好或润滑不良	1. 调整泵轴间隙 2. 换泵轴或润滑油
2	真空度过小	1. 管路法兰连接处密封不好 2. 密封不严密造成漏气	1. 拧紧螺栓或更换新垫片 2. 拧紧螺栓
3	出口压下降	叶轮与密封之间的径向间隙增加	更换密封环，必要时拆泵检查
4	泵启动后送不出液体	1. 启动前未灌满液体 2. 泵反转 3. 入口管路堵塞或阀底漏水 4. 贮液槽内液位太低	1. 重新灌泵 2. 调整电机导线 3. 停泵检查，排除异物，修阀 4. 提高贮液槽内液位高度

续表

序号	异常现象	产生故障的原因	排除方法
5	流量下降	1. 泵内漏入空气 2. 密封环损坏 3. 发生气蚀 4. 叶轮堵塞	1. 停泵后重新灌泵 2. 更换密封环 3. 憋压灌泵处理 4. 停泵检查,排除异物
6	振动大、有杂音	1. 泵与电机连接轴不同心 2. 地脚螺栓松动 3. 发生气蚀 4. 泵轴弯曲,旋转件与静止件摩擦 5. 泵叶轮松动或有异物	1. 停泵检查 2. 将地脚螺栓拧紧 3. 憋压灌泵处理 4. 停泵更换轴承 5. 停泵检查,排除异物

1.4　切换备用泵的操作规程

1.4.1　离心泵需紧急切换的条件

(1) 泵有严重噪声、振动、轴封严重泄漏。

(2) 泵抽空。

(3) 进、出口管线发生严重泄漏。

(4) 工艺系统发生严重事故,要求紧急切换。

(5) 电机或轴承温度过高。

(6) 电流过高或电机跑单相。

1.4.2　离心泵的切换

(1) 启动备用泵前,按启动前的准备步骤对泵进行检查。

(2) 全开备用泵入口阀,使泵体内充满介质,排尽泵体内气体后,启动电机。

(3) 检查泵体振动及噪声情况,运转正常后,逐渐开大备用泵的出口阀,同时逐渐关小运转泵的出口阀。

(4) 备用泵出口阀全开,运转泵出口阀全关后停车(出口阀全关是停泵的标准,否则高压液体倒流,会损坏出口止回阀)。

1.4.3　离心泵切换过程中的注意事项

(1) 换泵时应严格保持流量、压力等不变的原则。

(2) 严禁抽空等事故发生。

(3) 停泵后,及时开启暖泵线。

(4) 需检修时,被切换泵的各管线阀门需全部关死,切断电源。排尽泵体内物料。

2　工作任务单

项目一	离心泵装置操作
任务四	异常现象的判断与处理
班级	
时间	
小组	
任务内容	一、概述离心泵气缚现象及防止气缚现象的方法。 二、说出离心泵气蚀现象发生的原因和处理方法。 三、概述离心泵切换泵的操作规程。 四、说出离心泵常见的故障及处理方法。
任务中的疑惑	

离心泵操作技能训练方案

实训班级： 指导教师：

实训时间： 年 月 日， 节课。

实训时间：

实训设备：

职业危害：

实训目的：

（1）掌握离心泵的安全操作技能。

（2）了解离心泵常见故障及处理方法。

（3）加强安全操作意识，体现团队合作精神。

实训前准备：

（1）配每套设备上不超过6人，3人一组，1人为组长，1人做故障记录，1人主操。分工协作，共同完成。

（2）查受训学员劳动保护用品佩戴是否符合安全要求。

（3）查实训设备是否完好。

教学方法与过程：

（1）和实际操作同时进行，在明确实训任务的前提下，老师一边讲解一边操作，同时学生跟着操作。

（2）每组学员分别练习，教师辅导。

（3）学生根据"离心泵操作技能评价表"自我评价，交回本表。

（4）教师评价，并与学员讨论解决操作中遇到的故障。

技能实训1 认识离心泵的工作流程

实训目标：熟悉离心泵的工作流程，认识各种阀门、监测仪表。

实训方法：手指口述，完成下面思考与练习。

思考与练习：在离心泵输送装置中，被输送的液体是_____，在液体流动的过程中经过了真空表、_____、_____等测量仪表和阀门，最后液体流入_____。

技能实训2 离心泵的开车操作

实训目标：掌握正确的开车操作步骤，了解相应的操作原理。

实训方法：按照实操规程（步骤）进行练习。

（1）开车准备工作：

1）检查离心泵是否固定牢固，连接螺栓和地脚螺栓是否有松动现象。

2）轴承密封、润滑情况，并均匀盘车。

3）检查管路法兰、螺纹等连接是否完好。

4）检查各个仪表是否完好，指针是否回零。

检查完毕，符合要求，发出确认指示，否则，需要现场维修。

（2）开车操作步骤：

1）关闭真空表。

2）灌泵排气。离心泵为什么要灌泵？泵没有灌满会发生什么现象？

3）打开进口阀门，关闭出口阀门。

4）开启电源。观察泵出口压力，同时注意泵的运转是否正常，泵体是否振动大、有杂音。

5）缓慢打开出口阀，根据要求调节水的流量（调节为 $5.0\text{m}^3/\text{h}$）。

打开真空表，查看真空表读数。离心泵进入正常运行状态。

技能实训 3　离心泵的正常操作

实训目标：掌握离心泵正常运行时的工艺指标及相互影响关系，了解运行过程中常见的异常现象及处理方法。

实训方法：改变流量，观察压力表、真空表指针变化情况，分析其变化原因。对运行过程中常见的不正常现象进行讨论，如气蚀、气缚、流量不稳或压力不稳当，分析故障并给出解决问题的方案。

技能实训 4　离心泵的正常停车

实训方法：按照实操规程（步骤）进行练习。

（1）关闭出口阀，避免停泵后出口高压液体倒流入离心泵体内，使叶轮高速反转而造成事故。

（2）关闭真空表。

（3）关闭电源开关。

（4）若离心泵不经常使用，需要排净泵内液体，再关闭进口阀。

技能实训 5　讨论故障并处理

实训目的：

（1）掌握离心泵常见故障排除方法。

（2）训练学员发现问题解决问题的能力。

实训方法：

（1）汇集各个小组的故障记录，大家一起讨论解决的方法。

（2）通过实践，记录有效的故障排除方法，指导以后的学员。

离心泵操作技能评价表

技能实训名称	离心泵操作技能实训	班级		指导教师	
		时间		小组成员	
		组长			

续表

实训任务	考核项目	分值	自评得分	教师评分
离心泵的工作流程	1. 手指口述离心泵工作流程。	5		
	2. 在离心泵输送装置中,被输送的液体是_____,在液体流动的过程中经过了真空表、_____、_____等测量仪表和阀门,最后液体流入_____。	4		
离心泵的开车操作	1. 熟悉开车前准备工作。	10		
	2. 掌握开车操作步骤。	20		
	3. 回答为什么要灌泵?气缚现象是什么?	10		
	4. 开启离心泵电源前为什么要关闭真空表和出口阀。	5		
离心泵的正常操作	1. 调节流量在 5.0m³/h。	5		
	2. 调节流量,记录压力表和真空表读数。	5		
	3. 解释什么是气蚀现象,分析其原因。	10		
离心泵的正常停车	1. 掌握离心泵的正常停车操作步骤。	20		
	2. 停车时为什么要先关闭离心泵出口阀门?	6		
综 合 评 价		100		

项目二　传热装置操作

任务一　生产准备

学习目标：

    （1）能指出页面中所有装置的名称；

    （2）能简单描述出页面中装置的作用；

    （3）能按照步骤完成操作；

    （4）根据仿真练习能初步掌握换热器的操作和故障处理方法。

任务实施：

仿真练习

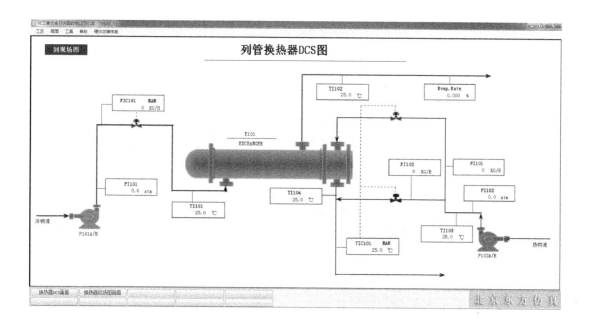

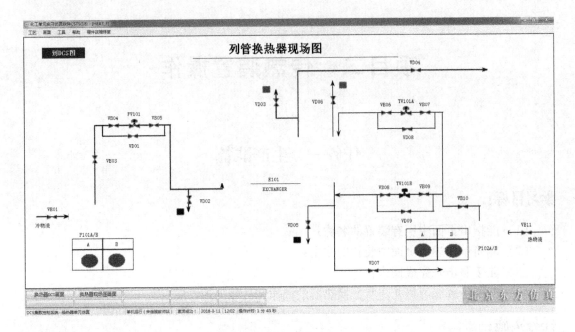

操作过程详单

单元过程	步　骤
换热器的 冷态开车	扣分过程： （1）泵 P101A 误停； （2）泵 P102A 误停； （3）冷物流出口温度超温； （4）热物流入口温度严重超温。 冷物流进料： （1）打开 FIC101 的前阀 VB04； （2）打开 FIC101 的后阀 VB05； （3）打开 FIC101； （4）观察壳程排气阀 VD03 的出口； （5）打开冷物流出口阀 VD04，开度约 50%； （6）手动调节 FV101，使 FIC101 指示值稳定到 12000kg/h； （7）FIC101 投自动； （8）FIC101 设定值 12000； （9）冷流入口流量控制 FIC101； （10）冷流出口温度 TI102。 启动冷物流进料 P101： （1）E101 壳程排气 VD03（开度约 50%）； （2）打开 P101A 泵的前阀 VB01； （3）启动泵 P101A； （4）待泵出口压力达到 4.5atm 以上后，打开 P101A 泵的出口阀 VB03。 启动热物流入口泵 P102： （1）开 E101 管程排气阀 VD06（50%）； （2）打开 P102 泵的前阀 VB11；

单元过程	步　骤
换热器的 冷态开车	（3）启动 P102A 泵； （4）打开 P102 泵的出口阀 VB10。 热物流进料： （1）打开 TV101A 的前阀 VB06； （2）打开 TV101A 的后阀 VB07； （3）打开 TV101B 的前阀 VB08； （4）打开 TV101B 的后阀 VB09； （5）观察 E101 管程排气阀 VD06 的出口； （6）打开 E101 热物流出口阀 VD07； （7）手动控制调节器 TIC101 输出值； （8）调节 TIC101 的输出值，使热物流温度分别稳定在 177℃ 左右； （9）热流入口温度控制 TIC101
换热器的正常停车	E101 管程泄液： （1）打开泄液阀 VD05； （2）待管程液体排尽后，关闭泄液阀 VD05。 E101 壳程泄液： （1）打开泄液阀 VD02； （2）待壳程液体排尽后，关闭泄液阀 VD02。 扣分过程： （1）泵 P102A 误启动； （2）泵 P101A 误启动； （3）重新打开 TV101A。 停冷物流进料： （1）FIC101 改手动； （2）关闭 FIC101 的前阀（VB04）； （3）关闭 FIC101 的后阀（VB05）； （4）关闭 FV101； （5）关闭 E101 冷物流出口阀（VD04）。 停冷物流进料泵 P101： （1）关闭 P101 泵的出口阀（VB03）； （2）停 P101A 泵； （3）关闭 P101 泵入口阀（VB01）。 停热物流进料： （1）TIC101 改为手动； （2）关闭 TV101A； （3）关闭 TV101A 的前阀（VB06）； （4）关闭 TV101A 的后阀（VB07）； （5）关闭 TV101B 的前阀（VB08）； （6）关闭 TV101B 的后阀（VB09）； （7）关闭 E101 热物流出口阀（VD07）。 停热物流进料泵 P102： （1）关闭 P102 泵的出口阀（VB10）；

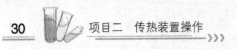

单元过程		步　骤
换热器的正常停车		(2) 停 P102A 泵； (3) 关闭 P102 泵入口阀（VB11）
换热器故障	FIC101阀卡	FIC101 阀卡： (1) 逐渐打开 FIC101 的旁路阀 VD101； (2) 调节 FIC101 的旁路阀 VD101 的开度； (3) FIC101 置手动； (4) 手动关闭 FIC101； (5) 关闭 FIC101 前阀 VB04； (6) 关闭 FIC101 后阀 VB05； (7) 冷流入口流量控制； (8) 热物流温度控制。 扣分过程： (1) 泵 P101A/B 出口压力超压； (2) 泵 P102A/B 出口压力超压； (3) 泵 P101A 误停； (4) 泵 P102A 误停； (5) 冷物流出口温度严重超温； (6) 热物流入口温度严重超温； (7) 冷物流流速过大
	P101A泵坏	P101A 泵坏： (1) FIC101 切换到手动； (2) 手动关闭 FV101； (3) 关闭 P101A 泵； (4) 开启 P101B 泵； (5) 手动调节 FV101，使得流量控制在 12000kg/h； (6) 当冷物流稳定 12000kg/h 后，FIC101 切换到自动； (7) FIC101 设定值 12000kg/h； (8) 冷物流控制质量； (9) 热物流温度控制质量。 扣分过程： (1) 泵 P101A/B 出口压力超压； (2) 泵 P102A/B 出口压力超压； (3) 冷物流出口温度严重超温； (4) 热物流入口温度严重超温； (5) 冷物流流速过大
	P102A泵坏	P102A 泵坏： (1) TIC101 切换到手动； (2) 手动关闭 TV101A； (3) 关闭 P102A 泵； (4) 开启 P102B 泵； (5) 手动调节 TV101A，使得热物流出口温度控制在 177℃；

单元过程		步　骤
换热器故障	P102A泵坏	（6）热物流出口温度控制在177℃后，TIC101切换到自动； （7）TIC101设定值177℃； （8）热物流温度控制质量。 扣分过程： （1）泵P101A/B出口压力超压； （2）泵P102A/B出口压力超压； （3）冷物流出口温度严重超温
	TV101A阀卡	TV101A阀卡： （1）判断TV101A卡住后，打开TV101A的旁路阀（VD08）； （2）关闭TV101A前阀VB06； （3）关闭TV101A后阀VB07； （4）调节TV101A的旁路阀（VB08），使热物流流量稳定到正常值； （5）冷物流出口温度稳定到正常值； （6）热物流温度稳定在正常值。 扣分过程： （1）泵P101A/B出口压力超压； （2）泵P102出口压力超压； （3）泵P101A误停； （4）泵P102A误停； （5）冷物流出口温度严重超温； （6）热物流入口温度严重超温
	部分管堵	E101管程泄液： （1）打开泄液阀VD05； （2）待管程液体排尽后，关闭泄液阀VD05。 E101壳程泄液： （1）打开泄液阀VD02； （2）待管程液体排尽后，关闭泄液阀VD02。 扣分过程： （1）泵P102A误启动； （2）泵P101A误启动； （3）重新打开TV101A。 停冷物流进料： （1）FIC101改手动； （2）关闭FIC101的前阀（VB04）； （3）关闭FIC101的后阀（VB05）； （4）关闭FV101； （5）关闭E101冷物流出口阀（VD04）。 停冷物流进料泵P101： （1）关闭P101泵的出口阀（VB03）； （2）停P101A泵； （3）关闭P101泵的入口阀（VB01）

续表

单元过程		步　骤
换热器故障	部分管堵	停热物流进料： （1）TIC101 改为手动； （2）关闭 TV101A； （3）关闭 TV101A 的前阀（VB06）； （4）关闭 TV101A 的后阀（VB07）； （5）关闭 TV101B 的前阀（VB08）； （6）关闭 TV101B 的后阀（VB09）； （7）关闭 E101 热物流出口阀（VD07）。 停冷物流进料泵 P102： （1）关闭 P102 泵的出口阀（VB10）； （2）停 P102A 泵； （3）关闭 P102 泵的入口阀（VB11）
	换热器结垢严重	E101 管程泄液： （1）打开泄液阀 VD05； （2）待管程液体排尽后，关闭泄液阀 VD05。 E101 壳程泄液： （1）打开泄液阀 VD02； （2）待管程液体排尽后，关闭泄液阀 VD02。 扣分过程： （1）泵 P102A 误启动； （2）泵 P101A 误启动； （3）重新打开 TV101A。 停冷物流进料： （1）FIC101 改手动； （2）关闭 FIC101 的前阀（VB04）； （3）关闭 FIC101 的后阀（VB05）； （4）关闭 FV101； （5）关闭 E101 冷物流出口阀（VD04）。 停冷物流进料泵 P101： （1）关闭 P101 泵的出口阀（VB03）； （2）停 P101A 泵； （3）关闭 P101 泵的入口阀（VB01）。 停热物流进料： （1）TIC101 改为手动； （2）关闭 TV101A； （3）关闭 TV101A 的前阀（VB06）； （4）关闭 TV101A 的后阀（VB07）； （5）关闭 TV101B 的前阀（VB08）； （6）关闭 TV101B 的后阀（VB09）； （7）关闭 E101 热物流出口阀（VD07）。 停冷物流进料泵 P102： （1）关闭 P102 泵的出口阀（VB10）；

续表

单元过程		步　骤
换热器故障	换热器结垢严重	（2）停 P102A 泵； （3）关闭 P102 泵的入口阀（VB11）

工作任务单：

化工单元操作工艺卡片		实训班级	实训场地	学时	指导教师
				8	
实训项目		认识列管式换热器			
实训内容		认识列管式换热器，熟悉换热器的结构，并拆装管箱			
设备与工具		列管式换热器、扳手、螺丝刀、米尺			

序号	工序	操作步骤	要点提示	数据记录或工艺参数
1	初步认识	观察换热器的外形特点、轮廓、大致尺寸	以列管式管热气为例	
2	观察详细结构	根据管路布置图，选出需要的管件、阀门	重点观察壳体直径、径管口位置、管板尺寸	
3	拆装换热器管箱	拆装换热器，查看换热器的内部结构，分析各部件作用	测量加热管直径和根数	
4	查看材质	查看各部件（壳体、封头、接管、管板、加热管）所用的材料	金属材料或非金属材料	
5	分析加工方式	分析各部件（壳体、封头、管板、螺栓）的加工方式	冲压、切削、焊接、胀接	
6	查看安装方式	查看换热器的安装方式	鞍座、悬挂式、支承式支座	
7	操作经验			

任务二　装置操作

学习目标：

一、知识目标

（1）解释传热速率方程及热负荷。
（2）归纳热负荷确定方法。
（3）概述传热装置开车操作规程。
（4）概述强化传热，归纳传热的三种基本方法。
（5）归纳传热装置的主要控制参数及其对传热操作的影响。
（6）概述传热装置停车操作规程。

二、技能目标

（1）灵活运用换热器传热速率与热负荷的关系。
（2）制定开车操作规程，完成传热装置的正常开车。
（3）例证强化传热的三种方法。
（4）完成控制生产所需的空气出口温度。
（5）能够按照要求记录装置运行的工艺参数。
（6）制定停车操作规程，完成传热装置停车操作。

任务实施：

1　知识准备

1.1　传热的基础知识

根据传热机理，传热有三种基本方式：热传导、热对流和热辐射。

1.1.1　热传导

传导传热也称热传导，简称导热。导热是依靠物质微粒的热振动实现的。产生导热的必要条件是物体内部存在温度差，热量由高温部分向低温部分传递。热量的传递过程通称热流。发生导热时，沿热流方向上物体各点的温度是不相同的，呈现出一种温度场，对于稳定导热，温度场是稳定温度场，也就是各点的温度不随时间的变化而变化。本课程讨论的导热，都是在稳定温度场的情况下进行的。

1.1.2　热传导的基本定律——傅里叶定律

在一质量均匀的平板内，当 $t_1 > t_2$，热量以导热方式通过物体，从 t_1 向 t_2 方向传递，如图 2-1 所示。

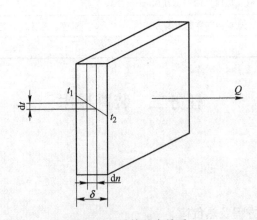

图 2-1　导热基本关系

取热流方向微分长度 dn，在 dt 的瞬时传递的热量为 Q，实验证明，单位时间内通过平板传导的热量与温度梯度和传热面积成正比，即：

$$dQ \propto dA \cdot (dt/dn)$$

写成等式为：

$$dQ = -\lambda dA \cdot (dt/dn)$$

式中　　　Q——导热速率，W；

　　　　　A——导热面积，m^2；

　　　dt/dn——温度梯度，K/m；

　　　　　λ——比例系数，称为导热系数，W/(m·K)。

由于温度梯度的方向指向温度升高的方向，而热流方向与之相反，故在式中乘一负号。该方程式称为导热基本方程式，也称为傅里叶定律，对于稳定导热和不稳定导热均适用。

1.1.3　导热系数 λ

导热系数（热导率）是物质导热性能的标志，是物质的物理性质之一。导热系数 λ 的值越大，表示其导热性能越好。物质的导热性能，也就是 λ 数值的大小与物质的组成、结构、密度、温度以及压力等有关。λ 的物理意义为：当温度梯度为 1K/m 时，每秒钟通过 $1m^2$ 的导热面积传导的热量，其单位为 W/(m·K) 或 W/(m·℃)。

各种物质的 λ 可用实验的方法测定。一般来说，金属的 λ 值最大，固体非金属的 λ 值较小，液体更小，而气体的 λ 值最小。各种物质的导热系数的大致范围如下：

　　　　　金属　　　　2.3~420W/(m·K)

　　　　　建筑材料　　0.25~3W/(m·K)

　　　　　绝缘材料　　0.025~0.25W/(m·K)

　　　　　液体　　　　0.09~0.6W/(m·K)

　　　　　气体　　　　0.006~0.4W/(m·K)

固体的导热在导热问题中显得十分重要，本章有关导热的问题大多数都是固体的导热问题。由于物质的 λ 影响因素较多，本课程中采用的为其平均值，以使问题简化。

1.1.4　平面壁稳定热传导

1.1.4.1　单层平面壁

设有一均质的面积很大的单层平面壁，厚度为 b，平壁内的温度只沿垂直于壁面的 x 轴方向变化，如图 2-2 所示。

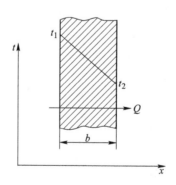

图 2-2　单层平面壁稳定热传导

在稳定导热时，导热速率 Q 不随时间变化，传热面积 A 和导热系数 λ 也是常量，则傅里叶公式可简化为：

$$Q = -\lambda A \frac{dt}{dx}$$

将此式积分，当 $x=0$，$t=t_1$；$x=b$ 时，$t=t_2$，积分结果为：

$$Q = \lambda A \frac{t_1 - t_2}{b} \qquad (2-1)$$

若改写成传热速率方程的一般形式，则有：

$$Q = \frac{t_1 - t_2}{\dfrac{b}{\lambda A}} = \frac{\Delta t}{R}$$

式中　　　　b——平面壁厚度，m；

　　　　　　Δt——平壁两侧温度差，即导热推动力，K；

　　$R = b/\lambda A$——导热热阻，K/W。

此式说明，单层平面壁的导热速率，与推动力 Δt 成正比，与热阻成反比。

1.1.4.2　多层平面壁

在工业生产上常见的是多层平壁，如锅炉的炉墙。现以一个三层平壁为例，说明多层平面壁稳定热传导的计算，如图 2-3 所示。

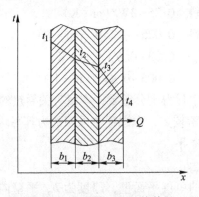

图 2-3　多层平面壁的热传导

设各层壁厚及导热系数分别为 b_1，b_2，b_3 及 λ_1，λ_2，λ_3，内表面温度为 t_1，外表面温度为 t_4，中间两分界面的温度分别为 t_2 和 t_3。

对于稳定导热过程，各层的导热速率必然相等。将式（2-1）分别用于各层，可得：

$$Q_1 = \frac{\lambda_1}{b_1} A(t_1 - t_2) = \frac{\Delta t_1}{R_1} \quad 即 \ \Delta t_1 = Q_1 R_1 \qquad (2-2)$$

$$Q_2 = \frac{\lambda_2}{b_2} A(t_2 - t_3) = \frac{\Delta t_2}{R_2} \quad 即 \ \Delta t_2 = Q_2 R_2 \qquad (2-3)$$

$$Q_3 = \frac{\lambda_3}{b_3} A(t_3 - t_4) = \frac{\Delta t_3}{R_3} \quad 即 \ \Delta t_3 = Q_3 R_3 \qquad (2-4)$$

式（2-2）+式（2-3）+式（2-4）有：

$$\Delta t_1 + \Delta t_2 + \Delta t_3 = Q_1 R_1 + Q_2 R_2 + Q_3 R_3$$

稳定热传导时：$Q_1 + Q_2 + Q_3 = Q$，故：

$$Q = \frac{\Delta t_1 + \Delta t_2 + \Delta t_3}{R_1 + R_2 + R_3} = \frac{\sum \Delta t}{\sum R} = \frac{总推动力}{总阻力} \qquad (2-5)$$

将式（2-5）推广到一个层数为 n 的多层平面壁，有：

$$Q = \frac{t_1 - t_{n+1}}{\sum_{i=1}^{n} \frac{b_i}{\lambda_i A}} \qquad (2-6)$$

由于 $Q = \Delta t_1 / R_1 = \Delta t_2 / R_2 = \Delta t_3 / R_3$，可得：

$$\Delta t_1 : \Delta t_2 : \Delta t_3 = R_1 : R_2 : R_3 \qquad (2-7)$$

式（2-7）说明，多层平面壁内各层的温度降与热阻成正比。

1.1.4.3　圆筒壁稳定热传导

化工生产中常用的容器、管道一般是圆筒形的，经过圆筒壁的稳定热传导与平面壁的区别在于圆筒壁的内外表面积不等。热流穿过圆筒壁的传热面积不像平面壁那样是固定不变的，而是随圆半径而改变。

A　单层圆筒壁

设有一圆筒壁，如图 2-4 所示。

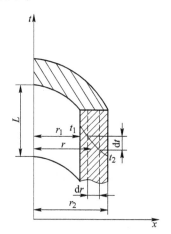

图 2-4　圆筒壁的热传导

圆筒的内半径为 r_1，外半径为 r_2，长度为 L。若在半径为 r 处取一微分厚度 dr，则传热面积 $A = 2\pi r L$ 可以看成是常数。由傅里叶定律，通过这一微分厚度 dr 的圆筒壁的导热速率为：

$$Q = -\lambda A \frac{dt}{dr} = -\lambda (2\pi r L) \frac{dt}{dr}$$

分离变量得：

$$Q \frac{dr}{r} = -2\pi r L \lambda dt$$

将 λ 作常数处理，则可积分：

$$Q \int_{r_1}^{r_2} \frac{dr}{r} = -2\pi L \lambda \int_{t_1}^{t_2} dt$$

$$Q \ln \frac{r_2}{r_1} = 2\pi L \lambda (t_1 - t_2)$$

整理后得：

$$Q = 2\pi L\lambda \frac{t_1 - t_2}{\ln \dfrac{r_2}{r_1}} \tag{2-8}$$

式（2-8）即为单层圆筒壁的导热速率方程式。若将此式改写成与平面壁导热速率方程式类似的形式，则将分子、分母同乘以（$r_2 - r_1$），有：

$$Q = \frac{2\pi L(r_2 - r_1)\lambda(t_1 - t_2)}{(r_2 - r_1)\ln \dfrac{2\pi r_2 L}{2\pi r_1 L}} = \lambda \frac{A_2 - A_1}{\ln \dfrac{A_2}{A_1}} \cdot \frac{t_1 - t_2}{r_2 - r_1}$$

$$= \lambda A_m \frac{t_1 - t_2}{b} \tag{2-9}$$

或

$$Q = \frac{t_1 - t_2}{\dfrac{b}{\lambda A_m}} = \frac{\Delta t}{R} \tag{2-10}$$

式中　　　$b = r_2 - r_1$——圆筒壁的壁厚，m；

$A_m = \dfrac{A_2 - A_1}{\ln \dfrac{A_2}{A_1}}$——对数平均面积，$m^2$。

对数平均值是化学工程中经常采用的一种方法，用此法计算结果较准确，但其计算比较繁杂，因此，当 $A_2/A_1 \le 2$ 时，可用算术平均值代替，这时：

$$A_m = (A_1 + A_2)/2$$

当 $A_2/A_1 = 2$ 时，使用算术平均值的误差为 4%，这样的结果在工程计算中是允许的。

　B　多层圆筒壁

与多层平面壁的推导方法相同，从单层圆筒壁的热传导公式可推得多层圆筒壁的热传导公式如下：

$$Q = \frac{2\pi L \Delta t}{\sum\limits_{i=1}^{n} \dfrac{1}{\lambda_i}\ln \dfrac{r_{n+1}}{r_n}} \tag{2-11}$$

1.1.5　传热速率 Q 的计算

冷、热流体进行热交换时，当热损失忽略，则根据能量守恒原理，热流体放出的热量 Q_h 必等于冷流体所吸收的热量 Q_c，即 $Q_h = Q_c$，称为热量衡算式。

1.1.5.1　无相变化时热负荷的计算

（1）比热法：

$$Q = m_h c_{ph}(T_1 - T_2)$$
$$= m_c c_{pc}(t_2 - t_1) \tag{2-12}$$

式中　　　Q——热负荷或传热速率，J/s 或 W；

m_h，m_c——热、冷流体的质量流量，kg/s；

c_{pc}，c_{ph}——冷、热流体的定压比热容，取进出口流体温度的算术平均值下的比热
　　　　　容，kJ/(kg·K)；

T_1，T_2——热流体进、出口温度，K（℃）；

t_1，t_2——冷流体的进出口温度，K（℃）。

（2）热焓法：

$$Q = m(I_1 - I_2) \tag{2-13}$$

式中　I_1——物料始态的焓，kJ/kg；

I_2——物料终态的焓，kJ/kg。

1.1.5.2　有相变化时热负荷计算

$$Q = Gr \tag{2-14}$$

式中　G——发生相变化流体的质量流量，kg/s；

r——液体汽化（或蒸汽冷凝）潜热，kJ/kg。

注意：在热负荷计算时，必须分清是有相变化还是无相变化，然后根据不同算式进行计算。对蒸汽的冷凝、冷却过程的热负荷，要予以分别计算而后相加。

当要考虑热损失时，则有：

$$Q_h = Q_c + Q_损$$

通常在保温良好的换热器中可取 $Q_损 = (2\% \sim 5\%)Q_h$。

1.1.6　平均温度差 Δt_m 的计算

在间壁式换热器中，Δt_m 的计算可分为以下几种类型。

1.1.6.1　两侧均为恒温下的传热

两侧流体分别为蒸汽冷凝和液体沸腾时，温度不变，则：$\Delta t_m = T - t = $ 常数。

1.1.6.2　一侧恒温一侧变温下的传热

可推得计算式为：

$$\Delta t_m = \frac{(T - t_1) - (T - t_2)}{\ln \dfrac{T - t_1}{T - t_2}} = \frac{\Delta t_1 - \Delta t_2}{\ln \dfrac{\Delta t_1}{\Delta t_2}} \tag{2-15}$$

式中　Δt_m——进出口处传热温度差的对数平均值，温差大的一端为 Δt_1，温差小的一端为 Δt_2，从而使式（2-15）中分子分母均为正值。

当 $\Delta t_1/\Delta t_2 \leqslant 2$ 时，有 $\Delta t_m = \dfrac{\Delta t_1 + \Delta t_2}{2}$，即可用算术平均值。

1.1.6.3　两侧均为变温下的稳定传热

其计算式与式（2-15）完全一致。

1.1.6.4　复杂流动时 Δt_m 的计算

流体是复杂错流和折流时，其 Δt_m 的计算较为复杂，一般用式（2-16）计算：

$$\Delta t_{m系} = \Delta t_{m逆} \varepsilon_{\Delta t} \tag{2-16}$$

式中　$\Delta t_{m逆}$——按逆流操作情况下的平均温度差；

$\varepsilon_{\Delta t}$——校正系数，为 P、R 两因数的函数，即 $\varepsilon_{\Delta t} = f(P, R)$，对于各种换热情况下的 $\varepsilon_{\Delta t}$ 值，可在有关手册中查到。

Δt_m 的计算要注意：计算通常用式（2-15）所示的对数平均温度差，当 $\Delta t_1/\Delta t_2 \leqslant 2$ 时，可用算术平均值代替。

为避免不同操作条件下的计算错误，最好用图示出流动方向并注明温度：

$$T_1 \xrightarrow{\quad 逆流 \quad} T_2$$

$$\frac{t_2}{\Delta t_1} \xleftarrow{\qquad} \frac{t_1}{\Delta t_2}$$

当冷、热流体操作温度一定时，$\Delta t_{m逆}$ 总大于 $\Delta t_{m并}$。当要求传热速率一定时，逆流所需的设备投资费用及操作费用均少于并流，故工业生产的换热设备一般采用逆流操作。

1.1.7　总传热系数 K 的确定

总传热系数 K 值有三个来源：一是选取经验值，二是实验测定值，三是计算。

换热器中总传热系数数值的大致范围：换热器中总传热系数 K 值可参考天津大学编《化工原理》上册第 239 页表 4-2 及谭天恩等编《化工原理》上册第 232 页表 5-3。K 值变化范围很大，选取 K 值时应注意换热器形式及冷热介质均符合要求。

现场测定总传热系数：根据传热速率方程式 $Q = KA\Delta t_m$，当传热量 Q、传热面积 A 及平均温度差 Δt_m 为已知时，可测出某换热设备在该工艺条件下的 K 值。

两流体通过间壁的传热过程是由热流体对管壁对流—管壁热传导—管壁对冷流体的对流构成的串联传热过程，利用串联热阻的关系，即可导出总传热系数 K 的计算式。

若以传热管外表面积 A_0（$A_0 = \pi d_0 L$）为基准，其对应的总传热系数 K_0 为：

$$
K_0 = \cfrac{1}{\cfrac{1}{\alpha_i}\cfrac{A_0}{A_i} + \cfrac{b}{\lambda}\cfrac{A_0}{A_m} + \cfrac{1}{\alpha_0}}
$$

$$
= \cfrac{1}{\cfrac{1}{\alpha_i}\cfrac{d_0}{d_i} + \cfrac{b}{\lambda}\cfrac{d_0}{d_m} + \cfrac{1}{\alpha_0}} \tag{2-17}
$$

同理，若以传热管内表面积 A_i（$A_i = \pi d_i L$）为基准，其对应的总传热系数 K_i 为：

$$
K_i = \cfrac{1}{\cfrac{1}{\alpha_i} + \cfrac{b}{\lambda}\cfrac{A_i}{A_m} + \cfrac{1}{\alpha_0}\cfrac{A_i}{A_0}}
$$

$$
= \cfrac{1}{\cfrac{1}{\alpha_i} + \cfrac{b}{\lambda}\cfrac{d_i}{d_m} + \cfrac{1}{\alpha_0}\cfrac{d_i}{d_0}} \tag{2-18}
$$

若以传热管壁的平均面积 A_m（$A_m = \pi d_m L$）为基准，其对应的总传热系数 K_m 为：

$$
K_m = \cfrac{1}{\cfrac{1}{\alpha_i}\cfrac{A_m}{A_i} + \cfrac{b}{\lambda} + \cfrac{1}{\alpha_0}\cfrac{A_m}{A_0}}
$$

$$
= \cfrac{1}{\cfrac{1}{\alpha_i}\cfrac{d_m}{d_i} + \cfrac{b}{\lambda} + \cfrac{1}{\alpha_0}\cfrac{d_m}{d_0}} \tag{2-19}
$$

由此可见，所取基准传热面积不同，K 值也不同，即 $K_0 \neq K_m \neq K_i$。

当传热面积为平面壁时，有 $A_0 = A_i = A_m$，此时的总传热系数 K 为：

$$K = \cfrac{1}{\cfrac{1}{\alpha_0} + \cfrac{b}{\lambda} + \cfrac{1}{\alpha_i}} \tag{2-20}$$

当壁阻 b/λ 较 $1/\alpha_0$、$1/\alpha_i$ 小得多时，b/λ 可忽略不计，此时 K 为：

$$K = \cfrac{1}{\cfrac{1}{\alpha_0} + \cfrac{1}{\alpha_i}} \tag{2-21}$$

注意：

（1）总传热系数和传热面积的对应关系。所选基准面积不同，总传热系数的数值也不同。手册中所列的 K 值，无特殊说明，均视为以管外表面为基准的 K 值。

（2）管壁薄或管径较大时，可近似取 $A_0 = A_i = A_m$，即圆筒壁视为平壁计算。

（3）总传热系数 K 值比两侧流体中 α 值小者还小。

（4）当 $\alpha_0 \ll \alpha_i$ 时，壁阻可忽略不计时，则 $K \approx \alpha_0$ 且

$$Q = K_0 A_0 \Delta t_m \approx \alpha_0 A_0 \Delta t_m$$

当 $\alpha_i \ll \alpha_0$ 时，壁阻可忽略不计时，则 $K \approx \alpha_i$ 且

$$Q = K_i A_i \Delta t_m \approx \alpha_i A_i \Delta t_m$$

由此可知，总热阻是由热阻大的那一侧的对流传热所控制的，即两个对流传热系数相差较大时，要提高 K 值，关键在于提高 α 较小的；若两侧 α 相差不大时，则必须同时提高两侧的 α 值才能提高 K 值。

1.1.8　污垢热阻

污垢的存在，将增大传热阻力，污垢热阻一般由实验测定，其数值范围可参考天津大学编《化工原理》上册附录 22 及谭天恩等编《化工原理》上册表 5-2。对传热面按平面壁处理时，其总的热阻为：

$$\frac{1}{K} = \frac{1}{\alpha_0} + R_{d_0} + \frac{b}{\lambda} + R_{d_i} + \frac{1}{\alpha_i} \tag{2-22}$$

式中　R_{d_0}，R_{d_i}——管壁两侧的流体的污垢热阻。

1.1.9　壁温的计算

壁温可按式（2-23）~式（2-25）计算：

$$T_w = T - \frac{Q}{\alpha_h A_h} \tag{2-23}$$

$$t_w = T_w - \frac{b}{\lambda} \frac{Q}{A_m} \tag{2-24}$$

$$t_w = t + \frac{Q}{\alpha_c A_c} \tag{2-25}$$

壁温总是接近对流传热系数 α 值大的一侧流体的温度。壁温的具体计算过程需进行试差。

2　任务学习单

化工单元操作工艺卡片	实训班级	实训场地	学时	指导教师
			8	
实训项目	测定套管式换热器的总传热系数			

续表

实训内容		测定套管式换热器的传热数据，并计算传热系数		
设备与工具		套管式换热器实训装置、温度表、压力表、转子流量计		
序号	工序	操作步骤	要点提示	现象及数据记录
1	检查准备	检查装置上的压力表、温度表、流量表及各阀门是否齐备完好；检查前后工段联络信号是否完好	定期检查换热器的连接螺栓是否紧固、垫片密封是否严密；保持设备外部整洁，各种仪表清晰准确	
2	开车	开启仪表电源；开启冷水进水阀；徐徐开启蒸汽进口阀，排除设备不凝性气体及冷凝液	一定要先通入冷流体，再缓慢通入热流体，防止骤冷骤热影响换热器的使用寿命	
3	传热操作及数据读取	加热蒸汽的设定压力为0.05MPa，根据工艺要求调节冷流体的流量，在每一个流量下，读取冷流体进口温度和出口温度，记于表中，计算总传热系数	等显示仪表稳定以后再读数；操作过程中要经常排出冷凝水和不凝气	
4	停车		一定先切断高温流体，后切断冷流体	
5	计算公式			

数据记录及处理表

序号				
1				
2				
3				
4				
5				
6				
7				
8				

任务三　设备的维护与保养

学习目标：

一、知识目标

(1) 理解设备维修和管理的概念，建立设备寿命周期管理思想。

(2) 了解现代设备的维修方法。

（3）掌握评价和衡量设备管理的指标体系。

（4）掌握预防维修的管理方法。

二、技能目标

（1）学会设备计划保养方法，掌握设备保养事前、事中、事后的管理手段，提升计划保养的能力。

（2）通过实例，掌握设备管理的策略管理工具，学会应用分析工具，解决问题的方法等现代设备管理策略。

任务实施：

1　知识准备

1.1　传热速率的影响因素

由传热速率方程式 $Q = KS\Delta t_\mathrm{m}$ 可知影响换热器换热效果的主要因素有：传热系数 K、传热面积 S 和平均温差 Δt。

对于给定的换热器，由于传热面积 S 是一定的，因此，只有提高传热平均温差和传热系数才能提高传热效果。

（1）由于逆流平均温差较大，因此采用逆流操作有助于提高传热效率。

（2）流体流过时，流速大，对流传热系数大，使传热系数增加。

（3）降低结垢厚度，可以提高传热系数 K。

1.2　换热器的基本操作

1.2.1　加热

化工生产中的热源主要有蒸汽、热水、烟道气及导热油：

（1）蒸汽加热。蒸汽加热必须不断排除冷凝水及不凝性气体，否则会降低蒸汽给热效果。

（2）热水加热。热水加热一般加热温度不高，加热速度慢，操作稳定。只要定期排除冷凝气，就能保证正常操作。

（3）烟道气加热。利用燃料在加热炉中燃烧所产生的烟道气，通过传热面加热物料。

（4）导热油加热。当物料加热温度超过180℃时，一般采用导热油加热。

1.2.2　冷却

在化工生产过程中常用的冷却剂是水、空气、冷冻盐水等：

（1）水冷却。用水冷却的优点是容易获得；缺点是水温受季节和水源变化的影响。在操作过程中应定期测量水的温度，根据实测温度调节用水量。

（2）空气冷却。用空气作为冷却剂的优点是容易获得；缺点是传热系数小，需要大的传热面积，由于水源及水质污染等问题，空气作为冷却剂已日益广泛。在操作上需要根据季节气候的变化来调节空气用量。

（3）冷冻盐水冷却。当物料的温度用冷却水无法达到时，可采用冷冻盐水作为冷却剂。特点是温度低、腐蚀性较大，在操作时应严格控制进出口温度，防止结晶堵塞介质通道，需要定期排空和防污。

1.2.3 冷凝

被冷却的物质由气体变为液体的过程称为冷凝。如果冷凝操作是在减压下进行，需要注意蒸气中不凝性气体的排除。

1.2.4 列管式换热器的正确使用

（1）投产前应检查压力表、温度表、安全液位计及有关阀门是否齐全好用。

（2）输进蒸汽之前先打开冷凝水排放阀门，排除积水和污垢；打开防空阀，排放空气和不凝性气体。

（3）换热器投产时，先打开冷态工作液体阀门和防空阀门向其注液，当液面达到规定位置时缓慢或者分数次开启蒸汽或者其他加热剂阀门，做到先预热后加热，防止骤冷骤热损坏换热器。

（4）经常检查冷热两种工作介质的进出口温度、压力变化，发现温度、压力有超限度变化时，要立即查明原因，消除障碍。

（5）定时分析介质成分变化，以确定有无内漏，以便及时处理。

（6）定时检查换热器有无渗漏，外壳有无变化及震动现象，如果有及时处理。

（7）定时排放不凝性气体和冷凝液，根据换热器效率下降情况及时处理污垢层，提高传热效率。

1.2.5 板式换热器的正确使用

（1）进入换热器的冷热流体如果含有大颗粒泥沙和纤维质，必须提前过滤，防止堵塞狭小的间隙。

（2）用海水做冷却介质时，要向海水中通入少量的氯气，以防微生物滋长堵塞间隙。

（3）当传热效率下降 20%~30% 时，需要清理垢层和堵塞物，清理方法是用竹板铲刮或者用高压水冲洗，冲洗时波纹板片要垫平，以防变形。严禁使用钢刷刷锅。

（4）拆卸和组装波纹板片时，不要将垫片弄伤或者掉出，如发现有脱落部分，应用胶粘好。

（5）使用换热器，要防止骤冷骤热，使用压力不可超过铭牌规定的压力。

（6）使用中发现垫片渗漏时，应及时冲洗垢层，调紧螺栓，若无效，应解体组装。

（7）经常查看压力表和温度计数值，掌握运行情况。

1.2.6 换热器的清洗

换热器的清洗有机械法和化学法，对清洗方法的选定应根据换热器的结构形式、沉积物的类型和拥有的设备情况而定。一般化学法适用于形式复杂的情况，但对金属多少会有一些腐蚀。机械法最常用的工具是刮刀、旋转式钢丝刷，常用于清除坚硬的垢层、结焦或者其他沉积物。

2 换热器的拆装竞赛规程

2.1 竞赛目的

针对在新条件下加强产教融合、适应化工行业企业转型升级对人力资源的需求，开展与全国企业职工竞赛相同项目、设备、场景和基本要求的竞赛，考核化工设备维修工作中的核心技能与核心知识。通过竞赛，促进相关化工设备维修类专业工学结合人才培养，促进专业与产业对接、课程内容与职业标准对接、教学过程与生产过程对接，培养适应石化产业转型发展需要的高素质技能型专门人才，拓展和提高职业教育的社会认可度；展示中职教育改革和人才培养的成果，激发学生学习兴趣，培养团队意识与合作精神；促进职业院校之间相关专业人才培养改革成果交流，促进化工设备维修技术高技能人才的培养。

2.2　竞赛方式

竞赛方式为团体赛。每个参赛队由 2 名选手、1 名领队、2 名指导教师组成。化工设备检验竞赛项目设备采用由南京科技职业学院教师自主设计制造，企业参与改造的填料函式换热器作为竞赛装置，根据真实的生产工况，模拟设备检验过程，要求 2 位竞赛选手合作完成领料准备、壳程组装试压、管程组装试压、现场清理操作。考查选手对密封垫片、仪表、阀门的选型；检修工具使用的规范性；换热器组装质量；压力试验操作规范及安全与文明生产状况。

2.3　化工设备检验竞赛项目样题

2.3.1　竞赛内容

（1）换热器组装及试压前的准备（2 分）。

（2）换热器壳程组装与试压（33 分）。

（3）换热器管程组装与试压（26 分）。

（4）试压系统、换热器的拆除及现场清理（4 分）。

（5）文明安全操作（5 分）。

（6）操作质量及时间（30 分）。

2.3.2　竞赛时间

120 分钟。

2.3.3　竞赛要求

（1）选手按照竞赛任务书及抽签的模拟工况要求填写领料单，并于指定地点领取相关工具、仪表及耗材，核对无误后进入操作区域。

（2）每组两名选手须配合完成竞赛内容。

（3）换热器壳程、管程试压，每升压到试验压力，降压到设计压力，须示意裁判员，确认后方可进入下一道竞赛步骤。

（4）选手竞赛内容全部完成，交还领取的工具、仪表及剩余耗材并清理现场，经裁判员检查、同意后方可离开竞赛现场。

（5）操作及检修工具使用符合规范，注意竞赛安全，防止发生事故；如发生人身、设备事故由裁判组视情况进行扣分直至取消竞赛资格。

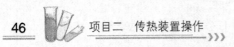

换热器装拆及试压所用工具、仪表、阀门及耗材领料清单

序号	类型	名称	型号及规格	数量	备注
1	工具类	梅花扳手	24/22	4	
2		活动扳手	300	1	
3		活动扳手	250	1	
4		活动扳手	200	1	
5		橡胶锤		1	
6		一字起	4寸	1	
7	阀门仪表类	针形阀（节流阀）	JSW-160P	2	
8		压力表	量程 0~4MPa	2	
9		安全阀	A21W-25P	1	
10		柱塞泵	SYL 型手动		
11	耗材	石棉密封垫	$\phi240/\phi220$，$\delta=3$	2	
12		橡胶 O 形密封圈	$\phi200/\phi8.5$	2	
13		橡胶密封垫	$\phi100/\phi50$，$\delta=2$	2	
14		生胶带	四氟带	1	
15		黄油		1	
16		喉箍		2	
17		四氟乙烯垫片		4	
18					
19	辅助部件	试压用法兰盘	自制	1	
20		改造进排水用盲板	自制	1	配套螺栓、螺母
21		改造试压用盲板	自制	1	配套螺栓、螺母
22					
23					

2.4 评分方法

化工设备检验竞赛项目评分细则

考核环节	考核技能点	参考分值
换热器装拆及试压前的准备（6分）	领料单填写是否正确	2
	密封垫片、仪表、阀门选型是否正确	4
换热器壳程试压（30分）	按试压系统图组装壳程试压设备所选部件及组装顺序是否正确	2
	换热器各密封处垫片安装是否正确	2
	各法兰连接处螺栓紧固的次序以及方法是否正确	3
	试压用管件、阀门、仪表有无装错	3
	试压前有无排气、擦拭	2
	试验压力下对设备进行检验是否正确	3

续表

考核环节	考核技能点	参考分值
换热器壳程试压 （30分）	排水盲板、试压改造盲板安装是否到位	2
	设计压力下对设备进行检验是否正确	2
	试压是否有泄漏，若有泄漏重新试压过程是否正确	5
	泄压及试压设备的拆除方法是否正确	2
	安装设备过程时，有无用工具敲击设备	1
	折流板方向是否装错	1
	压力检验报告填写是否完整准确	2
换热器管程试压 （25分）	按管程试压系统图选择组装管程试压所需部件是否正确	1
	换热器各部件组装顺序是否正确	1
	换热器各密封处垫片、密封圈安装是否正确	1
	各法兰连接处螺栓紧固的次序以及方法是否正确	2
	排水盲板、试压改造盲板安装是否到位	2
	试压前有无排气、擦拭	2
	试验压力下对设备进行检验是否正确	3
	设计压力下对设备进行检验是否正确	2
	试压是否有泄漏，若有泄漏重新试压过程是否正确	5
	泄压及试压设备的拆除方法是否正确	2
	安装设备过程时，有无用工具敲击设备	1
	有无法兰安装不平行，偏心	1
	压力检验报告填写是否完整、正确	2
试压系统、换热器的拆除 及现场清理（4分）	拆除后，是否对照领料单，完好归还和放好设备部件、工具等	2
	拆除结束后是否清扫整理现场恢复原样	2
文明安全操作（5分） （若对设备或人身产生重 大安全隐患的该项分扣除）	整个试压、装拆过程中选手穿戴是否规范，是否越线	1
	是否有撞头，伤害到别人或自己、物件掉地等不安全操作	3
	是否服从裁判管理	1
操作质量及时间 （30分）	拆装、试压过程的合理性	10
	拆装、试压总时间 $T \leqslant 90min$	20

任务四　异常现象的判断与处理

学习目标：

一、知识目标

（1）熟悉换热器的选型。

（2）熟悉换热器在运行中常见故障的判断及排除方法。

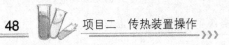

二、技能目标

通过换热器岗位操作实训，掌握换热器在运行中常见故障的判断及排除方法。

任务实施：

1　知识储备

列管式换热器常见故障及处理方法

故障现象	原因	处理方法
传热效率下降	1. 管道结垢或堵塞 2. 管道或阀门堵塞 3. 不凝气或冷凝液增多	1. 清理列管或除垢 2. 清理疏通 3. 排放不凝气或冷凝液
列管和胀接口渗漏	1. 列管腐蚀或胀结质量差 2. 壳体与管束温差太大 3. 列管被折流挡板磨破	1. 更换新管或补胀 2. 补胀 3. 换管
振动	1. 管路振动 2. 壳程流体流速太快 3. 支座刚度较小	1. 加固管路 2. 调节流体流量 3. 加固支座
管板与壳体连接处有裂纹	1. 腐蚀严重 2. 焊接质量不好 3. 壳体歪斜	1. 鉴定后修补 2. 清理补焊 3. 找正

板式换热器常见故障及处理方法

故障现象	原因	处理方法
密封垫处渗漏	1. 胶垫未放正或扭曲歪斜 2. 螺栓紧固力不均匀或紧固力小 3. 胶垫老化或有损伤	1. 重新组装 2. 紧固螺栓 3. 更换新垫
内部介质渗漏	1. 波纹板有裂纹 2. 进出口胶垫不严密 3. 侧面压板腐蚀	1. 检查更新 2. 检查修理 3. 补焊、加工
传热效率下降	1. 波纹板结垢严重 2. 过滤器或者管路堵塞	1. 解体清理 2. 清理

2　工作任务单

化工单元操作工艺卡片	实训班级	实训场地	学时	指导教师
			8	
实训项目	换热器的操作			

续表

实训内容	列管式换热器的启动、正常运行和停车操作，常见故障的判断与排除，以及维护保养			
设备与工具	列管式换热器实训装置			
序号	工序	操作步骤	要点提示	数据记录或工艺参数
1	检查准备	检查装置上的压力表、温度表、流量表及各阀门是否齐备完好；检查前后工段联络信号是否完好；打开冷凝水阀，排放积水；打开放空阀，排除不凝性气体，放净后逐一关闭	检查换热器的连接螺栓是否紧固、垫片密封是否严密；保持设备外部整洁，各种仪表清洗准确	
2	开车	打开冷流体进口阀通入流体，而后打开的热流体进口阀，缓慢或者逐次的通入	一定要先通入冷流体，再缓慢注入热流体；并要先预热后加热，防止骤冷骤热影响换热器的使用寿命	
3	传热操作	调节冷热流体的流量，达到工艺要求所需要的温度；经常注意两种流体的温度及压力变化情况，检查换热器有无泄漏，有无振动，如有异常现象，应立即查明原因，排除故障	若为蒸汽加热，操作过程中要经常排出冷凝水和不凝气，以免影响传热效果	
4	停车	先关蒸汽阀或其他热流体阀，再关冷水，并切断电源；停车后将换热器内的残留的流体排出，以防冻结和腐蚀	一定先停热流体，后停冷流体	
操作经验				

3　企业维护案例

3.1　换热器维修案例

4月12日，装置进入开工程序，随着温度和压力的升高，4月14日夜班期间，此台换热器发生微量渗漏现象，当班人员立即联系现场保运人员，对此台换热器进行热紧工作，此台换热器西侧的渣油Ⅰ级换热器B也出现了微量渗漏现象，车间同样安排保运人员进行了热紧工作（按照《装置开、停工方案》要求，装置开工时，当温度升至210℃和240℃时，装置要进行恒温热紧工作）。开工期间设备热紧工作未达到预期效果。

直接原因：车间未严格按照《装置开工方案》要求，对此台换热器进行恒温热紧工作，开工期间设备热紧工作未达到预期效果，为该台换热器的泄漏着火事故埋下了安全隐患；装置生产方案调整频繁，且长时间处于高负荷运行状态，特别是随着原油的大量进厂，致使装置加工原料密度一定程度的下降。在此工况下，车间对装置运行潜在风险辨识不到位；车间日常巡检内容记录不完善，未对关键运行设备工况运行巡检情况进行实时记录；是发生本事故的主要原因。

间接原因：生产方案频繁调整，且长时间处于高负荷运行状态，特别是近期装置炼量在 300t/h（装置设计说明装置设计炼量 285t/h）的超负荷下运行，工况变化非常大，是发生本次事故的诱发因素。

3.2 换热器管箱法兰泄漏后着火案例

3.2.1 事故经过

2003 年 8 月 12 日 9 点 30 分左右，员工对装置进行例行巡检，当巡检至装置二层平台时，闻到断断续续的油气味，查找后未找到明显泄漏点，随即用对讲机通知当班班长。

班长立即带领员工赶赴现场继续排查原因。9 时 50 分左右在渣油 I 级换热器处查找油气来源时，发现换热器 A 北侧管箱与壳体法兰连接处的保温内出现明火。两名员工立即用灭火器进行灭火，同时用对讲机报告车间值班人员，并向消防队报警。

车间领导立即赶至现场，安排 3 名员工铺设蒸汽管线进行保护，安排内操降闪塔底泵变频，降减底泵变频，降低泄漏处压力，现场人员用灭火器将明火扑灭，将消防蒸汽插入泄漏法兰保温层进行保护，防止复燃，员工打开该换热器的两个副线阀，关闭入口阀，切断物料，切出该换热器。现场被完全控制。

8 月 12 日 15 时 30 分左右，施工人员到现场后，拆除泄漏处保温，因换热器切出后温度下降，未发现明显漏点。16 时 50 分，装置开始提量至 190t/h。

8 时左右，施工人员对法兰进行紧固。紧固完成后，缓慢投用换热器低温侧原料油阀门，至 11 时 20 分原油侧全部并入；之后投用换热器高温侧渣油阀门，至 15 时 15 分渣油侧全部并入，对换热器进行升温，升温过程中，进行法兰紧固，热紧后，法兰未出现泄漏。

泄漏着火换热器

泄漏着火换热器法兰

【安全知识拓展】

生产厂区十四个不准：

一、加强明火管理，厂区内不准吸烟。

二、生产区内，不准未成年人进入。

三、上班时间，不准睡觉、干私活、离岗和干与生产无关的事。

四、在班前、班上不准喝酒。

五、不准使用汽油等易燃液体擦洗设备、用具和衣物。

六、不按规定穿戴劳动保护用品，不准进入生产岗位。

七、安全装置不齐全的设备不准使用。

八、不是自己分管的设备、工具不准动用。

九、检修设备时安全措施不落实，不准开始检修。

十、停机检修后的设备，未经彻底检查，不准启用。

十一、未办高处作业证，不系安全带，脚手架、跳板不牢，不准登高作业。

十二、石棉瓦上不固定好跳板，不准作业。

十三、未安装触电保安器的移动式电动工具，不准使用。

十四、未取得安全作业证的职工，不准独立作业；特殊工种职工，未经取证，不准作业。

【安全知识拓展】

换热器泄漏火灾事故应急处理规范

1　目的

提高企业在出现重大火灾（安全）事故状态下的自防自救能力及社会安全、环保、消防、医疗等部门的联动能力，各相关部门熟悉现场应急救援职责，做到出动迅速，配合默契，及时有效，最大限度地降低或减少事故引发的疾病、伤害、环境污染、财产损失。

2　基本情况

事发装置位于公司厂区北部，南邻预留地。该区域介质具有易燃易爆的特点，是公司的重点防火、防爆区域。周围分布12台地上式消火栓，3台消防水炮。模拟气象状况：东南风3~4级。

3　介质特性

渣油：黑色油状物，本品可燃，具刺激性。

（1）燃烧爆炸危险性及消防措施

危险特性：受高热分解，放出腐蚀性、刺激性的烟雾。

有害燃烧产物：一氧化碳、二氧化碳、成分未知的黑色烟雾。

灭火方法：消防人员须佩戴防毒面具、穿全身消防服，在上风向灭火。尽可能将容器从火场移至空旷处。喷水保持火场容器冷却，直至灭火结束。处在火场中的容器若已变色或从安全泄压装置中产生声音，必须马上撤离。灭火剂：雾状水、泡沫、干粉、二氧化碳、砂土。

泄漏应急处理：迅速撤离泄漏污染区人员至安全区，并进行隔离，严格限制出入。切断火源。建议应急处理人员戴自给正压式呼吸器，穿防毒服。尽可能切断泄漏源。防止流入下水道、排洪沟等限制性空间。小量泄漏：用砂土或其他不燃材料吸附或吸收。大量泄漏：构筑围堤或挖坑收容。用泵转移至槽车或专用收集器内，回收或运至废物处理场所处置。

（2）急救措施

侵入途径：吸入、食入、经皮肤吸收。

皮肤接触：脱去污染的衣着，用大量流动清水冲洗。

眼睛接触：提起眼睑，用流动清水或生理盐水冲洗。就医。

吸入：脱离现场至空气新鲜处。如呼吸困难，给输氧。就医。

食入：饮足量温水，催吐。就医。

4　火情

原料生产装置 E501 出口法兰泄漏着火（现场红旗标识）。

5　灭火组织

初期边控制边向消防队、调度报警，由车间值班员工组成消防应急处置的第一梯队，采取措施进行扑救。

调度接警后，立即向消防队报警，通知公司领导及相关部门，形成消防应急处置的第二梯队。

（1）生产调度指挥阶段

1）通知公司消防队立即救援；

2）通知循环水工段启动消防水泵，改进事故池；

3）通知公司领导；

4）通知各应急队伍负责人；

5）通知各生产车间，进行相应紧急处理；

（2）灭火、救援力量部署

1）第一救援力量由车间值班人员组成

由车间领导调集当班员工对装置进行初期紧急处置。

2）第二救援力量由公司专职消防队组成

①1 号泡沫消防车定位预处理装置西侧，接 XF01 消火栓供水，接装置东南侧消防竖管，分别于二层、三层各出一支多功能水枪扑救着火点。

②2 号泡沫消防车定位加热炉北侧，接 XF02 消火栓供水，接装置西南侧消防竖管，分别于二层、三层各出一支多功能水枪扑救着火点。

③高喷消防车定位装置电脱区，接 XF03 消火栓供水，对三层着火部位进行冷却。

6　具体要求

遵循"疏散控制，划定区域，有效控制，有序处理，确保安全"的原则；控制、消除一切可能引发爆炸的危险源；符合"报警、接警、初期控制、警戒、救灾展开、洗消、清理"应急处置程序；严格控制进入现场人员，组织精干小组，"边控制、边稀释，边灭火"，充分利用固定设施与工艺处置相配合，并加强防护，确保后勤车辆、物资、医疗保障；在上风向安全区域建立指挥部，及时形成通讯网络，保障调度指挥；严密监视险情，果断采取进攻及撤离行动；对泄漏后现场做到全面检查、彻底清理、消除隐患、安全撤离。

7　处置程序

（1）防护

1）进入重危区处置人员着灭火战斗服，佩戴自给式空气呼吸器，并采取水枪掩护；

2）进入轻危区处置人员着防静电服，佩戴防毒面具；

3）凡在现场参与处置人员，最低防护不得低于三级；

（2）询情

1）被困人员；

2）容器储量、泄漏量、泄漏时间、部位、形式、扩散范围；

3）电源、火源等情况；

4）到场技术人员、处置意见。

（3）侦察

1）搜寻遇险人员；

2）使用检测仪器测定泄漏浓度、扩散范围；

3）测定风向、风速等气象数据；

4）确认设施、建（构）筑物险情及可能引发爆炸的各种危险源；

5）确认消防设施运行情况；

6）确定攻防路线、阵地；

7）现场及周边污染情况。

（4）警戒

1）根据询情、侦察情况设置警戒区域；

2）划定警戒区域，并设立警戒标志，在安全区外视情设立隔离带；

3）合理设置出入口，严格控制各区域进出人员、车辆、物资，并进行安全检查、逐一登记；

4）禁止一切点火源进入危险区域（如手机、机动车、非防爆型对讲机、非防爆型手电筒等）。

（5）救生

1）组成救生小组，携带救生器材迅速进入现场；

2）采取正确救助方式，将所有遇险人员移至安全区域；

3）对救出人员交于应急救援小组进行登记、标识和现场急救；

4）将伤情较重者及时送交医疗急救部门救治。

（6）展开

1）启用喷淋、泡沫、蒸汽等固定或半固定灭火设施；

2）选定水源、铺设水带、设置阵地、有序展开；

3）利用开花水枪设置水幕，稀释、冷却着火点及周边容器，采用雾状射流形成水幕墙，防止泄漏源向重要目标或危险源辐射。

（7）堵漏

1）根据现场泄漏情况，研究制定堵漏方案，并严格按照堵漏方案实施。

2）所有堵漏行动必须采取防爆措施，确保安全；

3）系统紧急泄压，切断物料。

（8）灭火

1）将换热器E508A完全与系统切除；

2）控制一层、二层流淌火，防止火势扩大；

3）发起总攻时，参战车辆出泡沫灭火剂消灭着火点明火；

（9）清理

1）用喷雾水、蒸汽、惰性气体清扫现场内管道、低洼沟渠等处，确保不留残液；

2）清点人员、车辆及器材。

8 注意事项

进入现场须正确选择行车路线、停车位置、作战阵地；阵地前沿人员注意加强个人防护。一切处置行动自始至终必须严防引发爆炸；严禁处置人员在泄漏区域内下水道等地下空间顶部、井口处滞留；进入危险区的处置人员必须做好严格的气密性防护；注意风向变换，适时调整部署。

换热器操作技能训练方案

实训班级：　　　　　　　　　　指导教师：

实训时间：　　年　　月　　日，　　节课。

实训时间：

实训设备：

职业危害：

实训目的：

（1）掌握换热器的安全操作技能。

（2）了解换热器常见故障及处理方法。

（3）加强安全操作意识，体现团队合作精神。

实训前准备：

（1）配每套设备上6人，2人一组，1人主操、1人副操。分工协作，共同完成。

（2）查受训学员劳动保护用品佩戴是否符合安全要求。

（3）查实训设备是否完好。

教学方法与过程：

（1）和实际操作同时进行，在明确实训任务的前提下，老师一边讲解一边操作，同时学生跟着操作。

（2）每组学员分别练习，教师辅导。

（3）学生根据换热器操作技能评价表自我评价，交回本表。

（4）教师评价，并与学员讨论解决操作中遇到的故障。

技能实训1　认识换热器的工作流程

实训目标：熟悉换热器的工作流程，认识各种阀门、监测仪表。

实训方法：手指口述，复述操作步骤和流程。

技能实训 2　换热器的开车操作

实训目标：掌握正确的开车操作步骤，了解相应的操作原理。

实训方法：按照实操规程（步骤）进行练习。

（1）开车前准备。装置的开工状态为换热器处于常温常压下，各可调阀处于手动关闭状态，各手操阀处于关闭状态，可以直接进冷物流（换热器要先进冷物流，后进热物流）。

（2）启动冷物流进料泵。打开换热器壳程排气阀 V01E101。打开泵 P101A/B 前阀 V01P101A/B，按下启动按钮，再打开泵 P101A/B 的后阀 V02P101A/B，当进料压力指示表 PI101 指示达到 0.8MPa 时，进行下一步操作。

（3）冷物流进料。打开 FV101 的前后阀 FV101I、FV101O，开冷物料进料阀 V07E101，手动逐渐开大调节阀 FV101。观察换热器壳程排气阀 V01E101 的出口，当有液体溢出时（V01E101 旁边标志变绿），标志着壳程已无不凝性气体，关闭换热器壳程排气阀 V01E101，此时壳程排气完毕。打开冷物流出口阀 V02E101，手动调节 FV101，使冷物流进料控制 FIC101 指示达到 19200kg/h，且较稳定时，FIC101 投自动，设定值为 19200kg/h。

（4）启动热物流入口泵。打开管程排气阀 V03E101。开泵 P102A/B 前阀 V01P102A/B，启动泵 P102A/B，再开泵 P102A/B 后阀 V02P102A/B，使热物流进料压力表 PI102 指示达 0.9MPa。

（5）热物流进料。打开 TV102A 的前后阀 TV102AI、TV102AO 和 TV102B 的前后阀 TV102BI、TV102BO。给换热器 E101 管程注液，观察换热器 E101 管程排气阀 V03E101 的出口，当有液体溢出时（V03E101 旁边标志变绿），标志着管程已无不凝性气体，此时关管程排气阀 V03E101，换热器 E101 管程排气完毕。打开 E101 热物流出口阀 V04E101，手动调节管程温度控制器 TIC102，使出口温度稳定在（177±2）℃，TIC102 投自动，设定在 177℃。

技能实训 3　换热器的正常操作

实训目标：掌握换热器正常运行时的工艺指标及相互影响关系，了解运行过程中常见的异常现象及处理方法。

实训方法：

（1）正常工况操作参数：

1）冷物流流量为 19200kg/h，出口温度为 142℃。

2）热物流流量为 10000kg/h，出口温度为 177℃。

（2）备用泵的切换：

1）P101A 与 P101B 之间可任意切换。

2）P102A 与 P102B 之间可任意切换。

技能实训 4　换热器的正常停车

实训方法：按照实操规程（步骤）进行练习。

（1）停热物流进料泵：

1）关闭泵 P102A 的后阀 V02P102A。

2）停泵 P102A。

3）当 PI102 指示小于 0.1MPa 时，关闭泵 P102A 前阀 V01P102A。

（2）停热物流进料：

1）将温度控制表 TIC102 改投手动，并关闭 TIC102。

2）关闭 TV102A 的前、后阀 TV102AI、TV102AO。

3）关闭 TV102B 的前、后阀 TV102BI、TV102BO。

4）关闭换热器 E101 热物流出口阀 V04E101。

（3）停冷物流进料泵：

1）关闭泵 P101A 后阀 V02P101A。

2）停泵 P101A。

3）待 PI101 指示小于 0.1MPa 时，关闭泵 P101A 前阀 V01P101A。

（4）停冷物流进料：

1）将流量控制表 FIC101 改投手动，关闭 FV101 的前、后阀 FV101I、FV101O，关闭控制表 FIC101。

2）关闭换热器 E101 冷物流出口阀 V02E101。

技能实训 5　讨论故障并处理

实训目的：

（1）掌握换热器常见故障排除方法。

（2）训练学员发现问题解决问题的能力。

实训方法：

（1）汇集各个小组的故障记录，大家一起讨论解决的方法。

（2）通过实践，记录有效的故障排除方法，指导以后的学员。

换热器操作技能评价表

技能实训名称	换热器操作技能实训	班级		指导教师			
		时间		小组成员			
		组长					
实训任务	考核项目				分值	自评得分	教师评分
换热器的工作流程	1. 手指口述换热器工作流程。				5		
	2. 准确指出换热器个部件的名称和作用。				4		
换热器的开车操作	1. 熟悉开车前准备工作。				10		
	2. 掌握开车操作步骤。				20		
	3. 开车操作中需要注意的事项。				10		
	4. 为什么在开车过程中先进冷物料再进热物料。				5		

续表

技能实训名称	换热器操作技能实训	班级		指导教师		
		时间		小组成员		
		组长				
换热器的正常操作	1. 如何提高冷物料的出口物料。	5				
	2. 如何提高传热效率。	5				
	3. 发生振动的原因有哪些？	10				
换热器的正常停车	1. 掌握离心泵的正常停车操作步骤。	20				
	2. 换热器反生渗液的处理方法是什么？	6				
综 合 评 价		100				

项目三 管路安装与拆卸

任务一 生产准备

学习目标：

一、知识目标

（1）归纳基本劳保用品的作用。

（2）归纳管路安装中的隐患。

（3）解释轴测图、单管图。

（4）归纳常用管件、阀门等结构、特点和适用场所。

（5）归纳管道拆装常用工具的类别、特点和适用场合。

二、技能目标

（1）完成工作场所安全隐患的评估并制定处理预案。

（2）使用基本的劳保用品，做好个人防护。

（3）识读和绘制轴测图。

（4）识读完整的化工装置单管图。

（5）完成图纸中所需材料的领取。

（6）完成安装所需工具的领取。

任务实施：

1 知识准备

1.1 化工管路的构成

管路是化工厂输送流体的通道，是化工生产装置不可缺少的部分，如图 3-1 所示。

管道是由管子、管件、阀门以及管道上的小型设备等管道组成件连接而成的输送流体或传递压力的通道。

实际生产中各种管道输送的介质和操作参数千差万别，其危险性和重要程度也各不同。因此目前工程上采用管道分级的办法，对各种管道分门别类地提出不同的设计、制造和施工验收要求，以确保各种管道在其设计条件下能安全可靠地运行。

图 3-1 化工生产中的管路

1.2 管子

按制造管子使用的材料，管子可分为金属管、非金属管和复合管，其中以金属管占绝大部分。

金属管主要有钢管（包括合金管）、铸铁管和有色金属管（铜管、铅管）等，其中钢管又分为有缝钢管（俗称水煤气管）和无缝钢管；非金属管主要有陶瓷管、水泥管、玻璃管、塑料管等；复合管指的是金属与非金属两种材料复合组成的管子。

管子的规格用"外径×壁厚"表示，如 $\phi38mm×2.5mm$ 表示此管子的外径为 38mm，壁厚为 2.5mm。标准化的管子规定了管子的公称直径和公称压力，公称直径用 DN 表示，如 DN100 表示该管公称直径为 100mm，它是内径的近似值。公称压力指管材 20℃时持续输送水的工作压力，用 PN 表示，如 PN15。

1.3 管件

管件是用来连接管子以达到延长管路、改变管路方向或直径、分支、合流，或者封闭管路等目的的附件的总称。常用管件其用途有如下几种：

延长管路：螺纹短节、活接头、法兰等。在闭合管路上必须设置活接头或者法兰，尤其是在需要维修或者拆装的设备、阀门附近。

改变流向：90°弯头，45°弯头，180°弯头等。

连接支管：三通、四通等。有时三通也用来改变流向，多余的一个通道接头用管帽或者盲板封上，在需要时打开再连接一条分支管。

改变管径：异径管、内外螺纹接头等。

堵截管路：管帽、丝堵（堵头）、盲板等。

1.4 阀门

阀门是流体输送系统中的控制部件，具有截止、调节、导流、防止逆流、稳压、分流或溢流泄压等功能。常见阀门的结构特点及应用场合见表 3-1。

表3-1　常见阀门的结构特点及应用场合

名称	结构特点	应用场合
闸阀	主要部件为闸板，通过闸板的升降以启闭管路。此阀门全开时流体阻力小，全闭时较严密	常用于大直管路中用作启闭阀，在小直径管路中也可用作调节阀。不宜用于含有固体颗粒或者物料易于沉积的流体
截止阀	主要部件是阀盘与阀座，流体自下而上通过阀座，其构造比较复杂，流体阻力也较大，但是密闭性与调节性能较好	不宜用于黏度大并且含有易沉淀颗粒的介质
球阀	阀芯呈球状，中间是一与管内径相近的连通孔。结构简单，启动迅速，操作方便，体积小，质量轻，流体阻力较小	适用于低温高压及黏度大的介质，但不宜用于调节流量
旋塞	阀芯是可转动的圆锥形旋塞，中间有孔，当旋塞旋转至90°时，流动通道即全部封闭	温度变化大时易卡死，不能用于高压
蝶阀	阀芯是蝶形，通过旋转阀芯启动管路。结构简单，启动迅速，操作方便	适于黏稠及含有固体颗粒的流体，不宜用于调节流量
止回阀	根据阀前、阀后的压力差自动启闭，分为升降式和旋启式。安装时需注意介质的流向和安装方向	一般适用于清洁介质，其作用是可以使介质只作一定方向的流动
安全阀	为管道设备的安全而设置的截断装置。它可根据工作压力而自动启闭，从而将管道设备压力控制在某一数值以下，以保证其安全	主要用于蒸汽锅炉及高压设备上

1.5　管道的连接方式

　　管路的连接指管子与管子、管子与各种管件、阀门及设备接口处的连接。常用连接方法有四种，见表3-2。

表3-2　常用管路连接方式

连接方式	结构及特点	应用场合
法兰连接	法兰与钢管通过螺纹或者焊接在一起，铸铁管的法兰与管身铸为一体，法兰片间装密封垫片。特点是拆装方便，密封可靠	广泛用于大管径、耐温耐压与密封性要求高的管路连接及管路与设备的连接，是化工厂最常见的连接方式
焊接	结构简单、牢固并且严密，不便于维修更换	适于有压管道及真空管道，多用于无缝钢管、有色金属管的连接
承插连接	将管子的小端插在另一根管子大端的插套内，在连接处的环隙内填入麻绳、水泥等密封。特点是连接方便，造价低	适于埋地或者沿墙敷设的低压给、排水管，铸铁挂，陶瓷管，水泥管
螺纹连接	借助一个带有螺纹的活管接将两根管子连接起来，在接连处缠以麻绳、生料带等密封。特点是拆装方便，密封性能较好	适于管径小于ϕ65mm，工作压力小于1MPa、介质温度低于100℃的有缝钢管或者硬聚氯乙烯塑料管的链接

1.6 管路的分类

生产过程中管路经常以分出支管来分类，见表3-3。

表3-3 管路分类

类 型		结 构
简单管路	单一管路	管径不变、无分支的管路
	串联管路	无分支但管径多变的管路
复杂管路	分支管路	流体从总管分流到几个分支，各分支出口不同
	并联管路	流体从总管分流到几个分支，分支最终汇合到走过管

任务二　管路拆装

学习目标：

一、知识目标

（1）归纳安装工具使用方法。
（2）概述管路安装规程。
（3）归纳拆卸工具使用方法。
（4）概述管路拆卸的操作规程。

二、技能目标

（1）使用管路安装工具。
（2）根据安装图安装管路。
（3）实施QHSE及清洁生产。
（4）使用管道拆卸工具。
（5）合理安排管路的拆卸顺序。
（6）拆卸管路。

任务实施：

1　知识准备

1.1　管子的选用

1.1.1　管子材料的选用
根据所输送物料的性质和操作条件来选择，要求安全、经济、合理。

1.1.2　管径的确定
在生产中，流量由生产任务决定，因此管子的规格关键在选择合适的流速。若流速选的太大，管径虽然可以减小，设备费用减少的，但流体流过管路的阻力增大，动力消耗就增大，操作费用随之增加；反之，流速选的太小，操作费用减少，但管径需要增大，管路设备费用增加。所以需要根据具体情况确定适应的流速。

1.2　管路的布置与安装原则

布置化工管路既要考虑到工艺要求，又要考虑到经济要求，还要考虑到操作方便与安全，在可能的情况下还要尽可能美观。因此，布置化工管路必须遵守以下原则：

（1）在工艺条件允许的前提下，应使管路尽可能短，管件阀件应尽可能少，以减少投资，使流体阻力减到最低。

（2）应合理安排管路，使管路与墙壁、柱子、场面、其他管路等之间有适当的距离，以便于安装、操作、巡查与检修。如管路最突出的部分距墙壁或柱边的净空不小于100mm，距管架支柱也不应小于100mm，两管路的最突出部分间距净空，中压约保持40~60mm，高压应保持约70~90mm，并排管路上安装手轮操作阀门时，手轮间距约100mm。

（3）管路排列时，通常使热的在上面，冷的在下；无腐蚀的在上，有腐蚀的在下；输气的在上，输液的在下；不经常检修的在上，经常检修的在下；高压的在上，低压的在下；保温的在上，不保温的在下；金属的在上，非金属的在下。在水平方向上，通常使常温管路、大管路、振动大的管路及不经常检修的管路靠近墙或柱子。

（4）管子、管件与阀门应尽量采用标准件，以便于安装与维修。

（5）对于温度变化较大的管路采取热补偿措施，有凝液的管路要安排凝液排出装置，有气体积聚的管路要设置气体排放装置。

（6）管路通过人行道时高度不得低于2m，通过公路时不得小于4.5m，与铁轨的净距离不得小于6m，通过工厂主要交通干线一般为5m。

（7）一般地，化工管路采用明线安装，但上下水管及废水管采用埋地铺设，埋地安装深度应当在当地冰冻线以下。在布置化工管路时，应参阅有关资料，依据上述原则制订方案，确保管路的布置科学、经济、合理、安全。

1.3　化工管路安装原则

管子与管子、管子与管件、管子与阀件、管子与设备之间连接的方式主要有4种，即螺纹连接、法兰连接、承插式连接及焊接：

（1）螺纹连接是依靠螺纹把管子与管路附件连接在一起，连接方式主要有内牙管、长外牙管及活接头等。通常用小于直径管路、水煤气管路、压缩空气管路、低压蒸汽管路等进行连接。安装时，为了保证连接处的密封，常在螺纹上涂上胶黏剂或包上填料。

（2）法兰连接是最常用的连接方法，其主要特点是已标准化，装拆方便，密封可靠，适应管径、温度及压力范围均很大，但费用较高。连接时，为了保证接头处的密封，需在两法兰盘间加垫片，并用螺栓将其拧紧。

（3）承插式连接是将管子的一端插入另一管子的钟形插套内，并在形成的空隙中装填料（丝麻、油绳、水泥、胶黏剂、熔铅等）以密封的一种连接方法。主要用于水泥管、陶瓷管和铸铁管的连接，其特点是安装方便，对各管段中心重合度要求不高，但拆卸困难，不能耐高压。

（4）焊接连接是一种方便、价廉而且不漏但却难以拆卸的连接方法，广泛应用于钢管、有色金属管及塑料管的连接。主要用在长管路和高压管路中，但当管路需要经常拆卸时，或在不允许动火的车间，不宜采用焊接方法连接管路。

1.4　化工管路的热补偿

化工管路的两端是固定的，当温度发生较大的变化时，管路就会因管材的热胀冷缩而承受压力或拉力，严重时将造成管子弯曲、断裂或接头松脱。因此必须采取措施消除这种应力，这就是管路的热补偿。热补偿的主要方法有两种：其一是依靠弯管的自然补偿，通常，当管路转角不大于150°时，均能起到一定的补偿作用；其二是利用补偿器进行补偿，主要有方形、波形及填料3种补偿器。

1.5　化工管路的试压与吹扫

化工管路在投入运行之前，必须保证其强度与严密性符合设计要求，因此，当管路安装完毕后，必须进行压力试验，称为试压，试压主要采用液压试验。少数特殊也可以采用气压试验。另外，为了保证管路系统内部的清洁，必须对管路系统进行吹扫与清洗，以除去铁锈、焊渣、土及其他污物，称为吹洗，管路吹洗根据被输送介质不同，有水冲洗、空气吹扫、蒸汽吹洗、酸洗、油清洗和脱脂等。

1.6　化工管路的保温与涂色

化工管路通常是在异于常温的条件下操作的，为了维持生产需要的高温或低温条件，节约能源，维护劳动条件，必须采取措施减少管路与环境的热量交换，这就叫管路的保温。保温的方法是在管道外包上一层或多层保温材料。化工厂中的管路是很多的，为了方便操作者区别各种类型的管路，常常在管外（保护层外或保温层外）涂上不同的颜色，称为管路的涂色。有两种方法，其一是整个管路均涂上一种颜色（涂单色），其二是在底色上每间隔2m涂上一个50~100mm的色圈。常见化工管路的颜色可参阅相关手册。如给水管为绿色，饱和蒸汽为红色。

1.7　化工管路的防静电措施

静电是一种常见的带电现象，在化工生产中，电解质之间、电解质与金属之间都会因为摩擦而产生静电，如粉尘、液体和气体电解质在管路中流动，或从容器中抽出或注入容器时，都会产生静电。这些静电如不及时消除，很容易产生电火花引起火灾或爆炸。管路的抗静电措施主要是静电接地和控制流体的流速。

管路常见故障及处理方法见表3-4。

表3-4　管路常见故障及处理方法

故障现象	原因	处理方法
管泄漏	裂纹、孔洞、焊接不良	1. 装旋塞；2. 缠带；3. 打补丁；4. 箱式堵漏；5. 更换管子
管堵塞	杂质堵塞	连接旁通管路，设法清除杂质
管振动	1. 流体脉动；2. 机械振动	用管支撑固定或者撤掉管支撑，但必须保证强度

续表3-4

故障现象	原因	处理方法
管弯曲	管支撑不良	用管支撑固定或者撤掉管支撑，但必须保证强度
法兰泄漏	1. 螺旋松动；2. 密封垫片损坏	1. 坚固螺栓或者更换螺栓；2. 更换密封垫片
阀门泄漏	压盖填料不良，杂质附着在其表面	1. 坚固填料函；2. 更换压盖填料；3. 阀部件磨合；4. 更换阀部件或阀门

2　化工管路单元实训方案

2.1　实训目的

（1）熟悉常见的管件、阀门及不同规格的管材。

（2）熟悉管路的安装与拆卸过程，掌握管路安装的基本操作技能。

2.2　实训内容

管路拆装实训的工作内容包括现场测绘并画出安装配管图、备料、管路安装、试漏、拆卸等。过程可反复进行，直至熟练掌握。

（1）管路系统及设备已定，要求在拆除后恢复原样，反复地进行拆装训练。

（2）按指定的工艺流程图及相关实训材料，安装一段流体输送管路，安装后要求试漏合格。

2.3　实训步骤

2.3.1　基本要求

能够将已经装备完成的化工管路拆卸，然后再装配完成，多次练习后能够做到试水的时候不漏水，完整地装配好化工管路，或是根据化工图纸能够利用现有的工具装配好化工管路。

2.3.2　操作工具

木榔头、管子钳（450mm、300mm）、卷尺、活动扳手（12寸、10寸）、呆扳手（17～19、22～24）、两用扳手（17、19、22、24）、穿心一字批、螺丝一字批（小中号）、螺丝十字批（小中号）、水平尺、直角尺。

2.3.3　阀门

阀门在管路中主要起截止、调节、止逆、安全等作用。阀门通常是由铸铁、铸钢、不锈钢或合金钢等制成，有些阀门的阀芯与阀座由同一种材料制成。

阀门的分类很多，有多种分法。按作用可分为截止阀（图3-2）、闸阀（图3-3）、调节阀、止逆阀、安全阀、减压阀等。按照启闭方法可分为他动阀和自动阀。

图 3-2 截止阀

图 3-3 闸阀

2.3.3.1 截止阀

截止阀主要由阀盘、阀座、阀体、阀杆、阀盖、手轮等组成，阀体一般由铸铁制造，阀盘和阀座由青铜、黄铜活不锈钢制造，两者研磨配合，通过转动手轮使阀杆上下移动，改变阀座与阀盘之间的距离，从而达到开启、调节流量及截止的目的。

截止阀的特点是维修方便，可以准确地调节流量，启闭慢而无水锤现象，对流体的阻力大，所以截止阀应用十分广泛。

注意截止阀的安装具有方向性。安装截止阀时，应使流体从阀盘的下部向上流动，即下进上出，防止较高压力时难以将阀打开，同时也可以减小阀在关闭情况下流体对阀的腐蚀。

2.3.3.2 闸阀

闸阀由阀座、闸板、阀体、阀杆、阀盖、手轮等组成。通过转动手轮使阀杆上下升降，改变闸板与阀盘之间的高度，从而达到启闭与调节流量的目的。根据阀杆的动作还可以分为明杆式和暗杆式。

闸阀的特点是密封性好、阻力小，一定程度上可以调节流量，但闸阀形体较大、造价较高、维修困难。闸阀常用于开启和切断，尤其是较大管径的管路，一般不用来调节流量，不宜用于蒸汽、含固体颗粒和有腐蚀性的介质。

2.3.4 基本原理

管路的连接是根据相关标准和图纸要求，将管子与管子或管子与管、阀门等连接起来，以形成一严密整体从而达到使用目的。

管路的连接方法有多种，化工管路中最常见的有螺纹连接和法兰连接。螺纹连接主要适用于镀锌焊接钢管的连接，它是通过管子上的外螺纹和管件上的内螺纹拧在一起实现的。管螺纹有圆锥管螺纹和圆柱管螺纹两种，管道多采用圆锥形外螺纹，管箍、阀件、管件等多采用圆柱形内螺纹。此外，管螺纹连接时，一般要生料带等作为填料。法兰连接是通过连接法兰及紧固螺栓、螺母压紧法兰中间的垫片而使管道连接起来的一种方法，具有强度高、密封性能好、适用范围广、拆卸安装方便的特点。通常情况下，采暖、煤气、中低压工业管道常采用非金属垫片，而在高温高压和化工管道上常使用金属垫片。

法兰连接的一般规定：

（1）安装前应对法兰、螺栓、垫片进行外观、尺寸材质等检查。

（2）法兰与管子组装前应对管子端面进行检查。

（3）法兰与管子组装时应检查法兰的垂直度。

（4）法兰与法兰对接连接时，密封面应保持平行。

（5）为便于安装、拆卸法兰、紧固螺栓，法兰平面距支架和墙面的距离不应小于200mm。

（6）工作温度高于100℃的管道的螺栓应涂一层石墨粉和机油的调和物，以便日后拆卸。

（7）拧紧螺栓时应对称呈十字交叉进行，以保障垫片各处受力均匀；拧紧后的螺栓露出丝扣的长度不应大于螺栓直径的一半，并不应小于2mm。

（8）法兰连接好后，应进行试压，发现渗漏，需要更换垫片。

（9）当法兰连接的管道需要封堵时，则采用法兰盖；法兰盖的类型、结构、尺寸及材料应和所配用的法兰相一致。

（10）法兰连接不严，要及时找出原因进行处理。

2.3.5 管路组装

（1）管口螺纹的加工以及板牙的使用。

（2）对照管路示意图进行管路安装，安装中要保证横平竖直，水平偏差不大于15mm、垂直偏差不大于10mm。

（3）法兰与螺纹接合时每对法兰的平行度、同心度要符合要求。螺纹接合时要做到生料带缠绕方向正确和厚度要合适，螺纹与管件咬合时要对准、对正，拧紧用力要适中。

（4）阀门的安装。阀门安装前要将内部清理干净，关闭好再进行安装，对有方向性的阀门要与介质流向吻合，安装好的阀门手轮位置要便于操作。

（5）流量计和压力表及过滤器的安装要按具体安装要求进行。要注意流向，有刻度的位置要便于读数。

2.3.6 管路拆装注意事项

管路拆装一般是从上到下，先仪表后阀门，拆卸过程中不得损坏管件和仪表。拆下的管子、管件、阀门和仪表要归类放好。

操作中，安装工具使用合适、恰当。法兰安装中要做到对得正、不反口、不错口、不张口。安装和拆卸过程中注意安全防护，不出现安全事故。

法兰紧固前要将法兰密封面清理干净，其表面不得有沟纹；垫片要完好、不得有裂纹，大小要合适，不得用双层垫片，垫片的位置要放正；法兰与法兰的对接要正、要同心；紧固螺丝时按对称位置的顺序拧紧，紧好后两头螺栓应露出2~4扣；活接头的连接特别要注意垫圈的放置；螺纹连接时，要注意生料带的缠绕方向与圈数。

阀门安装前要清理干净，将阀门关闭后再进行安装；截止阀、单向阀安装时要注意方向性；转子流量计的安装要垂直，防止破坏。

水压试验时，试验的压力取操作压力的1.25倍，维持5min不漏为合格。要注意缓慢升压。

2.3.7 实训总结

通过这次实训使学生了解到团队的作用，只有所有的成员团结一起才能完成很多操作。实训锻炼了操作能力，让学生不只是从理论上了解流体输送和管道安装原理，更是实地动手操作，让学生了解更深。

3　工作任务单

化工单元操作工艺卡片	实训班级	实训场地	学时	指导教师
			10	

实训项目	化工管路的安装			
实训内容	设定一管路系统，包括各种管子、管件、阀门，由学生分组安装连接			
设备与工具	绞扳、管钳、管子、弯头、管箍、活节、异径管、阀门、生料带、流量计、压力表、真空表			

序号	工序	操作步骤	要点提示	数据记录或工艺参数
1	绘制管路图	根据要求设计并绘制管路布置图	管子一般沿墙走，以便使用角铁固定	
2	选择管件阀门	根据管路布置图，选出需要的管件、阀门	注意管径一致	
3	截取管子	根据管路布置图，用切管器截取所需长度的管子	应戴好防护手套，以防铁屑扎伤	
4	管子割丝	将管子固定好，用绞扳在管子两端绞螺纹	用绞扳绞螺纹过程中，经常向板牙处加润滑油，来润滑和散热	
5	管路安装	根据管路布置图，安装管子、管件、阀门、仪表，从管路一端向另一端固定接口逐次组合	安装前用生料带缠绕在螺纹处，以使接头处密封	
6	水压试验	将所接管路一端封闭，用水压试验机进行试验，看是否有漏水现象	在试验压力为表压294kPa下维持5min，没有发现渗透现象，则为合格	
管路安装及水压试验结果				

4　管路拆装操作技能评价表

技能实训名称	管路拆装操作技能实训	班级		指导教师	
		时间		小组成员	
项目	考核内容		考核标准		分值
任务1	绘制化工管路中的流体的流程图		设备管件标注正确，流程合理，整体美观		20
任务2	拟定管路设备拆装的操作规程		操作规程符合实际，拆装操作流程合理、科学		20

续表

任务3	分组进行管路拆装的操作（过程考核）	组织严密，分工合理，操作规范，秩序井然，效率较高	20
任务4	对管路拆装后的管路进行检验操作（结果考核）	在规定的时间完成任务，对管路拆装后检验合格	30
其他	文明操作等	操作文明，场地清理彻底干净，工具摆放整齐有序，安全第一	10

5　企业管路泄漏造成着火案例

5.1　事故经过

2002年1月19日8时15分，某班班长开始进行例行值班巡检。17时当巡检至常压炉转油线处，发现常压炉西路出料第一个弯头保温有油迹，随即电话通知车间设备员，携带工具准备拆除弯头保温，确认油迹具体来源。班组人员到达现场后经过评估，安排当班人员提灭火器和引消防蒸汽至现场防护，通知班组各岗位泄漏现场状况，做好应急处置准备。车间领导通知消防队，协调消防车到现场监护，通知相关部室赶往现场进行处理。

8时40分，漏点自燃起火，班组人员用手提式干粉灭火器将火立即扑灭。车间主任安排值班人员对加热炉熄火、Ⅱ闪泵停泵、泵后给汽吹扫。

8时42分，Ⅱ闪停泵。8时43分，干气流量降到0。班组按《转油线泄漏着火事故应急演练预案》开展应急操作。

8时45分，现场开始用消防蒸汽代替干粉灭火器对漏点进行掩护。

9时10分，装置开始紧急停工，装置进入开路循环降温阶段。

9时46分，常压炉出口温度降到260℃，温度低于油品自燃温度。

10时16分，常压炉出口温度降到230℃。10时36分，常压炉出口温度降到180℃。消防车离开现场，应急处理工作结束，现场留2人在上风向继续对漏点监护，装置转入停工程序。

5.2　事故原因

（1）主要原因是装置生产方案调整频繁，且炼制劣质原油，在工况下，车间对装置损害认识不足，未采取有效的措施进行改善，装置自2000年8月投产运行至今经历多次大修，并未对常压炉出口管线等此类重点部位进行检测，也未对泄漏管件进行有效监控。

（2）常压炉出口属于高温、高速、易腐蚀的关键部位，法兰材质为20#钢，在炼制高硫、高酸劣质原油工况下，材质选择偏低。

（3）法兰厚度与管线存在一定厚度差，相对炉管侧，安装的法兰管径厚度不够，且带颈法兰焊接不规范，存在焊接缺陷，经长期腐蚀减薄造成穿透形成漏点，是造成法兰泄漏的次要原因。

5.3　事故应急处理措施

5.3.1　事故处理原则

(1) 首先确保职工的人身安全,其次是设备安全,再次是生产的及时恢复。

(2) 一旦事故发生,要根据事故现象、发生前有关设备所处的状况、有关操作参数变化情况及有关的操作调节,正确判断事故发生的原因,迅速处理。

(3) 同时及时汇报部门领导、调度协调处理,避免事故扩大。

(4) 处理过程中,尽可能为恢复正常生产创造条件。

(5) 防止超温现象,尤其是重点关注炉温度及玻璃钢管线温度。

(6) 发生火灾时,不要惊慌,应一方面迅速报警,另一方面组织力量扑救。打电话报警,电话接通后,情绪要镇静,要讲清起火地点、起火部位和火灾程度,何种物质起火,以便消防部门派出相应的灭火力量。然后派人到主要通道路口接应。

5.3.2　事故预警与报告

事故汇报:事故发生时,当班人员应迅速检查事故发生的具体部位(有毒有害岗位检查时应佩戴好防毒面具),在进行事故处理的同时,应迅速和有关部门取得联系。

(1) 报警:报警内容为装置名称,报警人姓名;发生事故的地点及位置;危险源泄漏与火灾爆炸的介质;有无人员中毒或伤亡;危险源泄漏或火灾爆炸的危害程度。

(2) 报告:立即向调度和部门应急领导小组汇报,按事故预案内容执行。

5.3.3　应急措施

5.3.3.1　泄漏处理

(1) 应急处理人员配备必要的个人防护器具进入泄漏区域,在岗位人员的指导下通过关闭有关阀门、停止作业或通过采取改变工艺流程、物料走副线、局部停车、减负荷运行等方式控制泄漏源来消除物料的溢出或泄漏。应急处理时严禁单独行动,要有监护人,必要时用水枪掩护。

(2) 如果是容器发生泄漏,应采取措施修补和堵塞裂口,制止物料的进一步泄漏。

(3) 抢修抢险组要及时对泄漏物进行处理,通过覆盖、收容、稀释、处理,使泄漏物得到安全可靠的处置,防止二次事故的发生。

5.3.3.2　火灾控制

(1) 扑灭初期火灾。消防组在火灾尚未扩大到不可控制之前,应使用配备的移动式灭火器来控制火灾,迅速关闭火灾部位的上下游阀门,切断进入火灾事故地点的一切物料,然后立即启用现有的各种消防设备、器材扑灭初期火灾和控制火源。

(2) 对周围设施采取保护措施。灭火救援组为防止火灾危及相邻设施,必须及时采取冷却保护措施。同时迅速疏散受威胁的物资,必要时对着火点附近的玻璃钢设备、管线淋水降温处理。

(3) 当装置发生火灾爆炸事故造成人员中毒时,按危险化学品中毒应急预案内容执行。

5.3.4　防止事故扩大措施

当发生火灾爆炸事故时,首先重要的是注意自身保护。在出现大范围的连锁爆炸着火事故时,在人力无法控制的情况下,除留下部分主要人员处理外,其余人员尽可能撤离现场,其次是尽可能保护主要设备,减少损失程度。

项目四 精馏装置操作

任务一 生产准备

学习目标：

（1）能指出页面中所有装置的名称；

（2）能简单描述出页面中装置的作用；

（3）能按照步骤完成操作；

（4）根据仿真练习能初步掌握精馏塔的操作和故障处理方法。

任务实施：

仿真练习

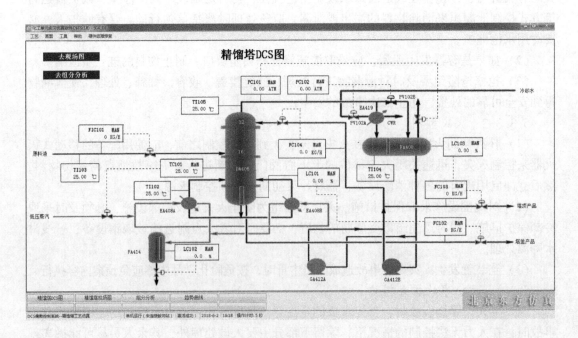

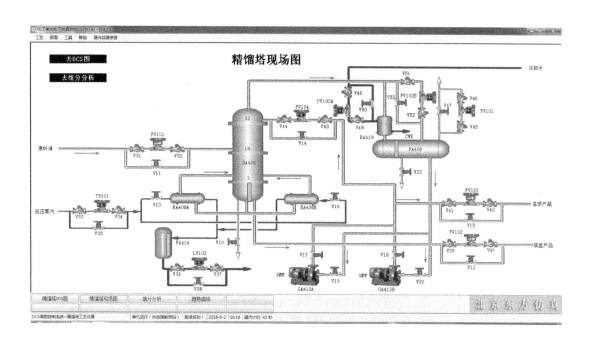

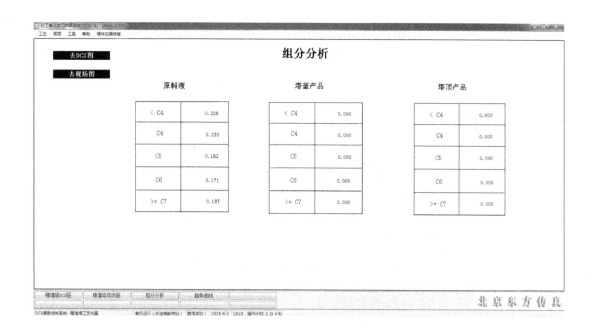

操作过程详单

单元过程	步 骤
精馏的冷态开车	进料及排放不凝气： （1）打开 PV102B 前截止阀 V51； （2）打开 PV102B 后截止阀 V52； （3）打开 PV101 前截止阀 V45； （4）打开 PV101 后截止阀 V46； （5）微开 PV101 排放塔内不凝气； （6）打开 FV101 前截止阀 V31； （7）打开 FV101 后截止阀 V32； （8）向精馏塔进料，缓慢打开 FV101，直到开度大于 40%； （9）当压力升高至 0.5atm（表压）时，关闭 PV101； （10）塔顶压力大于 1.0atm，不超过 4.25atm。 启动再沸器： （1）打开 PV102A 前截止阀 V48； （2）打开 PV102A 后截止阀 V49； （3）待塔顶压力 PC101 升至 0.5atm（表压）后，逐渐打开冷凝水调节器； （4）待塔釜液位 LC101 升至 20% 以上，打开加热蒸汽入口阀 V13； （5）打开 TV101 前截止阀 V33； （6）打开 TV101 后截止阀 V34； （7）再稍开 TC101 调节阀，给再沸器缓慢加热； （8）打开 LV102 前截止阀 V36； （9）打开 LV102 后截止阀 V37； （10）将蒸汽冷凝水储罐 FA414 的液位控制 LC102 设为自动； （11）将蒸汽冷凝水储罐 FA414 的液位 LC102 设定在 50%； （12）逐渐开大 TV101 至 50%，使塔釜温度逐渐上升至 100℃。 建立回流： （1）打开回流泵 GA412A 入口阀 V19； （2）启动泵； （3）打开泵出口阀 V17； （4）打开 FV104 前截止阀 V43； （5）打开 FV104 后截止阀 V44； （6）手动打开调节阀 FV104（开度>40%），维持回流罐液位升至 40% 以上； （7）回流罐液位 LC103。 调节至正常： （1）待塔压稳定后，将 PC101 设置为自动； （2）设定 PC101 为 4.25atm； （3）将 PC102 设置为自动； （4）设定 PC102 为 4.25atm； （5）塔压完全稳定后，将 PC101 设置为 5.0atm； （6）待进料量稳定在 14056kg/h 后，将 FIC101 设置为自动； （7）设定 FIC101 为 14056kg/h；

续表

单元过程	步　骤
精馏的冷态开车	（8）热敏板温度稳定在 89.3℃，塔釜温度 TI102 稳定在 109.3℃； （9）进料量稳定在 14056kg/h； （10）灵敏板温度稳定在 TC101； （11）塔釜温度稳定在 109.3℃； （12）将调节阀 FV104 开至 50%； （13）当 FC104 流量稳定在 9664kg/h 后，将其设置为自动； （14）设定 FC104 为 9664kg/h； （15）FC104 流量稳定在 9664kg/h； （16）打开 FV102 前截止阀 V39； （17）打开 FV102 后截止阀 V40； （18）当塔釜液位无法维持时（大于 35%），逐渐打开 FC102； （19）塔釜液位 LC101； （20）当塔釜产品采出量稳定在 7349kg/h，将 FC102 设置为自动； （21）设定 FC102 为 7349kg/h； （22）将 LC101 设置为自动； （23）设定 LC101 为 50%； （24）将 FC102 设置为串级； （25）塔釜产品采出量稳定在 7349kg/h； （26）打开 FV103 前截止阀 V41； （27）打开 FV103 后截止阀 V42； （28）当回流罐液位无法维持时，逐渐打开 FV103，采出塔顶产品； （29）待产出稳定在 6707kg/h，将 FC103 设置为自动； （30）设定 FC103 为 6707kg/h； （31）将 LC103 设置为自动； （32）设定 LC103 为 50%； （33）将 FC103 设置为串级； （34）塔顶产品采出量稳定在 6707kg/h。 扣分步骤： （1）塔顶压力超过 6atm； （2）塔顶压力超过 7atm； （3）塔顶压力超过 8atm； （4）塔釜液位 LC101 严重超标； （5）塔釜液位 LC101 过高； （6）塔釜液位 LC101 过低； （7）蒸汽缓冲罐液位严重超标； （8）蒸汽缓冲罐液位过高； （9）蒸汽缓冲罐液位过低； （10）回流罐液位严重超标； （11）回流罐液位过高； （12）回流罐液位过低； （13）当塔釜温度比较高时，塔釜液位过低； （14）错误打开精馏塔泄液阀 V10； （15）错误打开回流罐泄液阀 V23

单元过程	步　　骤
精馏的正常运行	正常操作： 　（1）精馏塔压力稳定在 4.25atm； 　（2）精馏塔灵敏板温度稳定在 89.3℃； 　（3）精馏塔塔顶温度稳定在 46.53℃； 　（4）精馏塔塔釜液位稳定在 50%； 　（5）回流罐液位稳定在 50%； 　（6）蒸汽缓冲罐液位稳定在 50%； 　（7）原料液进料流量稳定在 14056kg/h； 　（8）回流流量稳定在 9664kg/h； 　（9）精馏塔塔釜流量 FC102 维持在 7349kg/h 左右； 　（10）精馏塔塔顶产品流量 FC103 维持在 6707kg/h 左右； 　（11）起始总分归零； 　（12）操作时间达到 3 分钟； 　（13）操作时间达到 6 分钟； 　（14）操作时间达到 9 分钟； 　（15）操作时间达到 12 分钟； 　（16）操作时间达到 14 分钟 45 秒。 扣分步骤： 　（1）精馏塔压力过高； 　（2）精馏塔压力过低； 　（3）精馏塔塔釜液位过高； 　（4）精馏塔塔釜液位过低； 　（5）回流罐液位过高； 　（6）回流罐液位过低； 　（7）蒸汽缓冲罐液位过高； 　（8）蒸汽缓冲罐液位过低； 　（9）精馏塔灵敏板温度过高； 　（10）精馏塔灵敏板温度过低
精馏的正常停车	降负荷： 　（1）手动逐步关小调节阀 FV101，使进料降至正常进料量的 70%； 　（2）进料降至正常进料量的 70%； 　（3）保持灵敏板温度 TC101 的稳定性； 　（4）保持塔压 PC102 的稳定性； 　（5）断开 LC103 和 FC103 的串级，手动开大 FV103； 　（6）液位 LC103 降至 20%； 　（7）断开 LC101 和 FC102 的串级，手动开大 FV102； 　（8）液位 LC101 降至 30%。 停进料和再沸器： 　（1）停精馏塔进料，关闭调节阀 FV101； 　（2）关闭 FV101 前截止阀 V31；

单元过程	步　骤
精馏的正常停车	（3）关闭 FV101 后截止阀 V32； （4）关闭调节阀 TV101； （5）关闭 TV101 前截止阀 V33； （6）关闭 TV101 后截止阀 V34； （7）停加热蒸汽，关闭热蒸汽阀 V13； （8）停止产品采出，手动关闭 FV102； （9）关闭 FV102 前截止阀 V39； （10）关闭 FV102 后截止阀 V40； （11）手动关闭 FV103； （12）关闭 FV103 前截止阀 V41； （13）关闭 FV103 后截止阀 V42； （14）打开塔釜泄液阀 V10，排不合格产品； （15）将 LC102 置为手动模式； （16）操作 LC102 对 FA414 进行泄液。 停回流： （1）手动开大 FV104，将回流罐内液体全部打入精馏塔； （2）当回流罐液位降至 0%，停回流，关闭调节阀 FV104； （3）关闭 FV104 前截止阀 V43； （4）关闭 FV104 后截止阀 V44； （5）关闭泵出口阀 V17； （6）停泵 GA412A； （7）关闭泵入口阀 V19。 降压、降温： （1）塔内液体排完后，手动打开 PV101 进行降压； （2）当塔压降至常压后，关闭 PV101； （3）关闭 PV101 前截止阀 V45； （4）关闭 PV101 后截止阀 V46； （5）灵敏板温度降至 50℃以下，PC102 投手动； （6）灵敏板温度降至 50℃以下，关塔顶冷凝器冷凝水； （7）关闭 PV102A 前截止阀 V48； （8）关闭 PV102A 后截止阀 V49； （9）当塔釜液位降至 0% 后，关闭泄液阀 V10。 扣分步骤： （1）塔顶压力超过 6atm； （2）塔顶压力超过 7atm； （3）塔顶压力超过 8atm； （4）蒸汽缓冲罐液位过高； （5）错误打开回流罐泄液阀 V23； （6）回流罐液位过高； （7）塔釜液位过高

单元过程		步　骤
精馏常见故障	低压蒸汽停	低压蒸汽停： （1）将 PC101 设置为手动； （2）打开回流罐放空阀 PV101； （3）将 FIC101 设置为手动； （4）关闭 FIC101，停止进料； （5）关闭 FV101 前截止阀 V31； （6）关闭 FV101 后截止阀 V32； （7）将 TC101 设置为手动； （8）关闭 TC101，停止加热蒸汽； （9）关闭 TV101 前截止阀 V33； （10）关闭 TV101 后截止阀 V34； （11）将 FC102 设置为手动； （12）关闭 FC102，停止产品采出； （13）关闭 FV102 前截止阀 V39； （14）关闭 FV102 后截止阀 V40； （15）将 FC103 设置为手动； （16）关闭 FC103，停止产品采出； （17）关闭 FV103 前截止阀 V41； （18）关闭 FV103 后截止阀 V42； （19）打开塔釜泄液阀 V10； （20）打开回流罐泄液阀 V23 排不合格产品； （21）将 LC102 设置为手动； （22）打开 LC102，对 FA414 泄液； （23）当回流罐液位为 0 时，关闭 V23； （24）关闭回流泵 GA412A 出口阀 V17； （25）停泵 GA412A； （26）关闭回流泵 GA412A 入口阀 V19； （27）当塔釜液位为 0 时，关闭 V10； （28）当塔顶压力降至常压，关闭冷凝器； （29）关闭 PV102A 前截止阀 V48； （30）关闭 PV102A 后截止阀 V49。 扣分步骤： （1）塔釜液位 LC101 严重超标； （2）塔釜液位 LC101 过高； （3）蒸汽缓冲罐液位严重超标； （4）蒸汽缓冲罐液位过高； （5）回流罐液位严重超标； （6）回流罐液位过高

单元过程		步 骤
精馏常见故障	回流罐液位高	回流罐液位超高： （1）将 FC103 设为手动模式； （2）开大阀 FV102； （3）打开泵 GA412B 前阀 V20，开度 50%； （4）启动泵 GA412B； （5）打开泵 GA412B 后阀 V18，开度 50%； （6）将 FC104 设为手动模式； （7）及时调整阀 FV104，使 FC104 流量稳定在 9664kg/h 左右； （8）当 FA408 液位接近正常液位时，关闭泵 GA412B 后阀 V18； （9）关闭泵 GA412B； （10）关闭泵 GA412B 前阀 V20； （11）及时调整阀 FV103，使回流罐液位 LC103 稳定在 50%； （12）LC103 稳定在 50% 后，将 FC103 设为串级； （13）FC104 最后稳定在 9664kg/h 后，将 FC104 设为自动； （14）将 FC104 的设定值设为 9664kg/h。 扣分步骤： （1）塔顶压力超过 6atm； （2）塔顶压力超过 7atm； （3）塔顶压力超过 8atm； （4）塔釜液位 LC101 严重超标； （5）塔釜液位 LC101 过高； （6）塔釜液位 LC101 过低； （7）蒸汽缓冲罐液位严重超标； （8）蒸汽缓冲罐液位过低； （9）回流罐液位严重超标； （10）回流罐液位过高； （11）回流罐液位过低； （12）当塔釜温度比较高时，塔釜液位过低； （13）错误打开精馏塔泄液阀 V10； （14）错误打开回流罐泄液阀 V23
	回流量调节阀 FV104 阀卡	回流量调节阀 FV104 阀卡： （1）将 FC104 设为手动模式； （2）关闭 FV104 前截止阀 V43； （3）关闭 FV104 后截止阀 V44； （4）打开旁通阀 V14，保持回流。 质量指标： （1）塔顶压力 PC101； （2）塔釜温度 TC101； （3）回流量 FC104。 扣分步骤： （1）塔顶压力超过 6atm；

单元过程	步　骤
回流量调节阀 FV104 阀卡	(2) 塔顶压力超过 7atm； (3) 塔顶压力超过 8atm； (4) 塔釜液位 LC101 严重超标； (5) 塔釜液位 LC101 过高； (6) 塔釜液位 LC101 过低； (7) 蒸汽缓冲罐液位严重超标； (8) 蒸汽缓冲罐液位过高； (9) 蒸汽缓冲罐液位过低； (10) 回流罐液位严重超标； (11) 回流罐液位过高； (12) 回流罐液位过低； (13) 当塔釜温度比较高时，塔釜液位过低； (14) 错误打开精馏塔泄液阀 V10； (15) 错误打开回流罐泄液阀 V23
精馏常见故障 加热蒸汽压力过高	加热蒸汽压力过高： (1) 将 TC101 改为手动调节； (2) 减小调节阀 TV101 的开度； (3) 待温度稳定后，将 TC101 改为自动调节，将 TC101 设定为 89.3℃； (4) 质量指标：灵敏塔板温度 TC101。 扣分步骤： (1) 塔顶压力超过 6atm； (2) 塔顶压力超过 7atm； (3) 塔顶压力超过 8atm； (4) 塔釜液位 LC101 严重超标； (5) 塔釜液位 LC101 过高； (6) 塔釜液位 LC101 过低； (7) 蒸汽缓冲罐液位严重超标； (8) 蒸汽缓冲罐液位过高； (9) 蒸汽缓冲罐液位过低； (10) 回流罐液位严重超标； (11) 回流罐液位过高； (12) 回流罐液位过低； (13) 当塔釜温度比较高时，塔釜液位过低； (14) 错误打开精馏塔泄液阀 V10； (15) 错误打开回流罐泄液阀 V23

单元过程		步　骤
精馏常见故障	进料压力突然增大	进料压力突然增大： （1）将 FIC101 投手动； （2）调节 FV101，使原料液进料达到正常值； （3）原料液进料流量稳定在 14056kg/h； （4）原料液进料流量稳定在 14056kg/h 后，将 FIC101 投自动； （5）将 FIC101 设定为 14056kg/h。 扣分步骤： （1）塔顶压力超过 6atm； （2）塔顶压力超过 7atm； （3）塔顶压力超过 8atm； （4）塔釜液位 LC101 严重超标； （5）塔釜液位 LC101 过高； （6）塔釜液位 LC101 过低； （7）蒸汽缓冲罐液位严重超标； （8）蒸汽缓冲罐液位过低； （9）回流罐液位严重超标； （10）回流罐液位过高； （11）回流罐液位过低； （12）当塔釜温度比较高时，塔釜液位过低； （13）错误打开精馏塔泄液阀 V10； （14）错误打开回流罐泄液阀 V23； （15）精馏塔温度 TC101 过低
	塔釜出料调节阀 FV102 阀卡	塔釜出料调节阀 FV102 阀卡： （1）将 FC102 设为手动模式； （2）关闭 FV102 前截止阀 V39； （3）关闭 FV102 后截止阀 V40； （4）打开 FV102 旁通阀 V12，维持塔釜液位。 质量指标： 调整阀 V12，把塔釜液位维持在 50%。 扣分步骤： （1）塔顶压力超过 6atm； （2）塔顶压力超过 7atm； （3）塔顶压力超过 8atm； （4）塔釜液位 LC101 严重超标； （5）塔釜液位 LC101 过高； （6）塔釜液位 LC101 过低； （7）蒸汽缓冲罐液位严重超标； （8）蒸汽缓冲罐液位过高； （9）蒸汽缓冲罐液位过低；

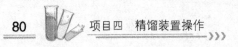
单元过程		步　骤
精馏常见故障	塔釜出料调节阀FV102阀卡	（10）回流罐液位严重超标； （11）回流罐液位过高； （12）回流罐液位过低； （13）当塔釜温度比较高时，塔釜液位过低； （14）错误打开精馏塔泄液阀V10； （15）错误打开回流罐泄液阀V23
	塔釜轻组分含量偏高	塔釜轻组分含量偏高： （1）手动调节回流阀FV104； （2）回流流量稳定在9664kg/h； （3）将FC104设为9664kg/h； （4）回流流量FC104稳定在9664kg/h； （5）塔釜轻组分含量低于0.002。 扣分步骤： （1）塔顶压力超过6atm； （2）塔顶压力超过7atm； （3）塔顶压力超过8atm； （4）塔釜液位LC101严重超标； （5）塔釜液位LC101过高； （6）塔釜液位LC101过低； （7）蒸汽缓冲罐液位严重超标； （8）蒸汽缓冲罐液位过高； （9）蒸汽缓冲罐液位过低； （10）回流罐液位严重超标； （11）回流罐液位过高； （12）回流罐液位过低； （13）当塔釜温度比较高时，塔釜液位过低； （14）错误打开精馏塔泄液阀V10； （15）错误打开回流罐泄液阀V23
	仪表风停	仪表风停： （1）打开FV101的旁通阀V11； （2）打开TV101的旁通阀V35； （3）打开LV102的旁通阀V38； （4）打开FV102的旁通阀V12； （5）打开PV102A的旁通阀V50； （6）打开FV104的旁通阀V14； （7）打开FV103的旁通阀V15； （8）关闭气闭阀PV102A的前截止阀V48； （9）关闭气闭阀PV102A的后截止阀V49； （10）关闭气闭阀PV101的前截止阀V45；

单元过程		步　骤
精馏常见故障	仪表风停	（11）关闭气闭阀 PV101 的后截止阀 V46； （12）调节旁通阀使 PI101 为 4.25atm； （13）调节旁通阀使 FA408 液位 LC103 为 50%； （14）调节旁通阀使精馏塔液位 LC101 为 50%； （15）调节旁通阀使 FA414 液位 LC102 为 50%； （16）调节旁通阀使精馏塔温度 TC101 为 89.3℃； （17）调节旁通阀使精馏塔进料 FIC101 为 14056kg/h； （18）调节旁通阀使精馏塔回流流量 FC104 为 9664kg/h。 扣分步骤： （1）塔顶压力超过 6atm； （2）塔顶压力超过 7atm； （3）塔顶压力超过 8atm； （4）塔釜液位 LC101 严重超标； （5）塔釜液位 LC101 过高； （6）塔釜液位 LC101 过低； （7）蒸汽缓冲罐液位严重超标； （8）蒸汽缓冲罐液位过高； （9）蒸汽缓冲罐液位过低； （10）回流罐液位严重超标； （11）回流罐液位过高； （12）回流罐液位过低； （13）当塔釜温度比较高时，塔釜液位过低； （14）错误打开精馏塔泄液阀 V10； （15）错误打开回流罐泄液阀 V23
	原料液进料调节阀卡	原料液进料调节阀 FV101 阀卡： （1）将 FIC101 设为手动模式； （2）关闭 FV101 前截止阀 V31； （3）关闭 FV101 后截止阀 V32； （4）打开 FV101 旁通阀 V11，维持塔釜液位。 质量指标： （1）塔釜液位维持在 50%； （2）原料液进料流量维持在 14056kg/h。 扣分步骤： （1）塔顶压力超过 6atm； （2）塔顶压力超过 7atm； （3）塔顶压力超过 8atm； （4）塔釜液位 LC101 严重超标； （5）塔釜液位 LC101 过高； （6）塔釜液位 LC101 过低； （7）蒸汽缓冲罐液位严重超标； （8）蒸汽缓冲罐液位过高； （9）蒸汽缓冲罐液位过低；

单元过程	步　骤
	原料液进料调节阀卡（接上） （10）回流罐液位严重超标； （11）回流罐液位过高； （12）回流罐液位过低； （13）当塔釜温度比较高时，塔釜液位过低； （14）错误打开精馏塔泄液阀 V10； （15）错误打开回流罐泄液阀 V23
精馏常见故障 **再沸器积水**	再沸器积水： （1）调节 LV102，降低 FA414 液位； （2）罐 FA414 液位维持在 50%左右； （3）当罐 FA414 液位维持在 50%左右时，将 LC102 投自动； （4）将 LC102 的设定值设定为 50%； （5）维持精馏塔温度 TC101 为 89.3℃； （6）精馏塔液位 LC101 维持在 50%左右。 扣分步骤： （1）塔顶压力超过 6atm； （2）塔顶压力超过 7atm； （3）塔顶压力超过 8atm； （4）塔釜液位 LC101 严重超标； （5）塔釜液位 LC101 过高； （6）塔釜液位 LC101 过低； （7）蒸汽缓冲罐液位严重超标； （8）蒸汽缓冲罐液位过低； （9）回流罐液位严重超标； （10）回流罐液位过高； （11）回流罐液位过低； （12）当塔釜温度比较高时，塔釜液位过低； （13）错误打开精馏塔泄液阀 V10； （14）错误打开回流罐泄液阀 V23； （15）精馏塔温度 TC101 过低
再沸器严重结垢	再沸器严重结垢： （1）打开备用再沸器 EA408B 蒸汽入口阀 V16； （2）关闭再沸器 EA408A 蒸汽入口阀 V13。 质量指标： 控制灵敏板温度 TC101 为 89.3℃。 扣分步骤： （1）塔顶压力超过 6atm； （2）塔顶压力超过 7atm； （3）塔顶压力超过 8atm； （4）塔釜液位 LC101 严重超标； （5）塔釜液位 LC101 过高； （6）塔釜液位 LC101 过低； （7）蒸汽缓冲罐液位严重超标；

续表

单元过程		步　骤
精馏常 见故障	再沸器 严重结垢	（8）蒸汽缓冲罐液位过高； （9）蒸汽缓冲罐液位过低； （10）回流罐液位严重超标； （11）回流罐液位过高； （12）回流罐液位过低； （13）当塔釜温度比较高时，塔釜液位过低； （14）错误打开精馏塔泄液阀 V10； （15）错误打开回流罐泄液阀 V23

精馏塔启动前的准备工作：

（1）检查水、电、气（空气、氮气）、汽（水蒸气）是否符合工艺的要求；

（2）传动设备是否备二待用；

（3）设备、仪表、安全设施是否齐全好用；

（4）水冷凝器要通入少量的水预冷，加热釜要通少量的蒸汽预热；

（5）设备内的氧含量应符合投料的要求；

（6）做好前后工段的联系工作，特别要联系好原料的来源供应及产品的储存、输送，通知分析室准备取样分析。

工作任务单：

项目四	精馏塔装置操作
任务一	生产准备
班级	
时间	
小组	
任务内容	一、观察精馏塔主体—观察全凝器—观察塔釜或再沸器—观察产品罐、原料罐—观察仪表及调节系统。 二、精馏塔启动前的准备工作。
任务中的疑惑	

任务二　装置操作

学习目标:

一、知识目标

(1) 能复述精馏流程。
(2) 能概述精馏装置的开车操作规程。
(3) 能概述精馏装置的停车操作规程。
(4) 适宜回流比的选择。

二、技能目标

(1) 能按照操作规程要求完成精馏装置的开车操作。
(2) 能完成本岗位交接班记录,完成穿戴个人防护用品。
(3) 能完成正常操作精馏塔;学会判断系统达到稳定的方法;掌握调节回流比的方法,考察回流比对精馏塔分离效率的影响;按要求完成记录装置运行的工艺参数。
(4) 能按照操作规程要求完成精馏装置的停车操作。

任务实施:

1　知识准备

1.1　精馏操作流程

根据操作方式,精馏操作可分为连续精馏和间歇精馏。

连续精馏装置,包括精馏塔、再沸器、冷凝器等,如图 4-1 所示。

连续精馏典型操作:精馏塔供汽液两相接触进行相互传质,位于塔顶的冷凝器使蒸汽得到部分冷凝,部分凝液作为回流液返回塔顶,其余馏出液是塔顶产品。位于塔底的再沸器使液体部分汽化,蒸汽沿塔上升,余下的液体作为塔底产品。进料加在塔的中部,进料中的液体和上塔段来的液体一起沿塔下降,进料中的蒸汽和下塔段来的蒸汽一起沿塔上升。在整个精馏塔中,汽液两相逆流接触,进行相际传质。液相中的易挥发组分进入汽相,汽相中的难挥发组分转入液相。馏出液将是高纯度的易挥发组分,塔底产物将是高纯度的难挥发组分。

进料口以上的塔段将上升蒸汽中易挥发组分进一步提浓,称为精馏段;进料口以下的塔段从下降液体中提取易挥发组分,称为提馏段。两段操作的结合,使液体混合物中的两个组分较完全地分离,生产出所需纯度的两种产品。

连续精馏之所以能使液体混合物得到较完全的分离,关键在于回流的应用。回流包括塔顶高浓度易挥发组分液体和塔底高浓度难挥发组分蒸汽两者返回塔中。汽液回流形成了逆流接触的汽液两相,从而在塔的两端分别得到相当纯净的单组分产品。塔顶回流入塔的液体量与塔顶产品量之比称为回流比，它是精馏操作的一个重要控制参数，它的变化影响精馏操作的分离效果和能耗。

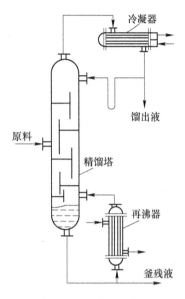

图 4-1　连续精馏装置

连续精馏操作中，原料液连续送入精馏塔内，同时从塔顶和塔底连续得到产品（馏出液、釜残液）。

精馏塔的塔板是供气液两相进行传质和传热的场所。每一块塔板上气液两相进行双向传质，只要有足够的塔板数，就可以将混合液分离成两个较纯净的组分。

精馏塔以加料板为界分为两段，加料板以上的塔段为精馏段，其作用是逐板增浓上升气相中易挥发组分的浓度；包括加料板在内的以下塔板为提馏段，其作用逐板提取下降的液相中易挥发组分。

再沸器的作用是提供一定流量的上升蒸汽流。冷凝器的作用是提供塔顶液相产品并保证有适当的液相回流。

1.2　回流比的选择

回流比是保证精馏过程能连续定态操作的基本条件，其大小直接影响精馏的操作费用和投资费用，也影响精馏塔的分离程度。

回流比有两个极限值，上限为全回流，下限为最小回流比，适当的回流比介于两极限值之间。

1.2.1　回流和最少理论板数

精馏塔塔顶上升蒸汽经全凝器冷凝后，冷凝液全部回流至塔内，此种回流方式称为全回流。在全回流操作下，既不向塔内加料，也不从塔内取走产品。

全回流时回流比为无穷大。

全回流时塔内气、液两相间的传质推动力最大，对完成同样的分离任务所需的理论板数为最少。

1.2.2　最小回流比

对于一定的分离任务，若逐渐减小回流比，精馏段操作线的截距则随之不断增大，两操作线的位置向平衡线靠近。当回流比减小到某一数值后，两操作线的交点 d 落在平衡曲线上时，相应的回流比称为最小回流比。

在最小回流比下，所需理论板数为无穷大。

1.2.3　适宜回流比的选择

适宜的回流比是指操作费用和设备费用之和为最低时的回流比（图4-2）。

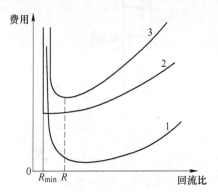

图4-2　适宜回流比的确定
1—设备费用；2—操作费用；3—总费用

对于难分离的体系，相对挥发度接近1，此时应采用较大的回流比，以降低塔高并保证产品的纯度；对于易分离体系，相对挥发度较大，可采用较小的回流比，以减少加热蒸汽消耗量，降低操作费用。

1.3　精馏塔的开车

（1）检查准备。清洁装置环境，检查管路系统各阀门启闭情况是否合适。

（2）加料。蒸馏釜、原料罐注入规定量的乙醇-水混合液开启冷凝器冷却水阀门。

（3）升温。接通电源，开始加热升温，使冷凝液全回流。

（4）进料。釜底升温到规定温度时，启动进料泵，开始进料。

1.4　精馏塔的停车

（1）临时停车：

停止塔的进料、塔顶采出和塔釜采出，进行全回流操作；

适当减少塔顶冷却剂及塔釜加热剂量，全塔处于保温保压的状态。

（2）长期停车：

停止塔的进料，产品可继续采出（当分析结果不合格后再停止采出）；

同时停止塔釜加热和塔顶冷凝，然后缓慢放尽釜液；

停电，停冷却水。

2　工作任务单

项目四	精馏塔装置操作
任务二	装置操作
班级	
时间	
小组	
任务内容	一、简述精馏塔的开车、停车的操作规程。 二、简述在实际生产中的精馏塔适宜回流比的选择。 三、思考实训室精馏塔在正常运行一段时间后，回流罐液位开始下降，可能会由哪些原因导致？
任务中的疑惑	

3　化工生产技术大赛比赛规则

一、赛项说明

1. 赛前条件

（1）精馏原料为 15%~30% 左右（质量分数）的乙醇溶液（室温）。

（2）原料罐中原料已加至合适液位，原料预热器、再沸器及其他管路系统已尽可能清空。

（3）原料预热器、塔釜再沸器无物料，需选手根据考核细则自行加料至合适液位。

（4）进料状态为常压，进料温度尽可能控制在泡点温度（自行控制），进料量 ≤40L/h。部分回流操作时进料位置自选，但需在进料前于 DCS 操作面板上选择进料板后再进行进料操作。

（5）设备供水已至进水总管，选手需打开水表前进水总阀及回水总阀。

（6）电已接至控制台。

（7）所有工具、量具、器具、标志牌已置于适当位置备用。

2. 竞赛要求

（1）掌握精馏装置的构成、物料流程及操作控制点（阀门）。

（2）在规定时间内完成开车准备、开车、总控操作和停车操作，操作方式分为手动操作和 DCS 操作。

（3）控制再沸器液位、进料温度、塔顶压力、塔压差、回流量、采出量等工艺参数，维持精馏操作正常运行。

（4）正确判断运行状态，分析异常现象的原因，采取相应措施，排除干扰，恢复正常运行。

（5）优化操作控制，合理控制产能、质量、消耗等指标。

3. 赛场规则

（1）选手须在规定时间到检录处报到、检录，抽签确定竞赛工位；若未按时报到、检录者，视为自动放弃比赛资格。

（2）检录后选手在候赛处候赛，提前 10 分钟进入赛场，熟悉装置流程。

（3）选手进入精馏赛场，须统一着工作服、戴安全帽，禁止穿钉子鞋和高跟鞋，禁止携带火柴、打火机、手机等物体，严禁在比赛现场抽烟。

（4）竞赛选手应分工确定本项目主、副操作岗位，并严格按照操作评分细则规定的程序协作操控装置，确保装置安全运行。

（5）选手检查工艺阀门时，要挂绿牌或红牌以标示阀门初始开关状态，考核结束后恢复至初始状态，对电磁阀、取样阀、安全阀不作挂牌要求。

（6）竞赛选手须独立操控装置，安全运行；除设备、调控仪表故障外，不得就运行情况和操作事项询问裁判，裁判也不得就运行和操作情况示意或暗示选手。

（7）竞赛期间，每组选手的取样分析次数不得超过 2 次（不包括结束时的成品分析），样品分析检验由气谱分析员操作；选手取样并填写送检单、送检并等候检验报告；检验报告须气谱分析员确认后，再交给本组选手；残余样品倒入样品回收桶，不得随意倒洒。

(8) 竞赛结束，选手须检查装置是否处于安全停车状态、设备是否完好，并清洁现场；同时须在操作记录上签字后，将操作记录表、样品分析检验报告单等交给裁判，现场确认裁判输入评分表的数据后，经裁判允许方可退场。

(9) 竞赛不得超过规定总用时（90分钟），若竞赛操作至80分钟后，选手仍未进行停车操作阶段，经裁判长允许，裁判有权命令选手实施停车操作程序，竞赛结果选手自负。

(10) 赛中若突遇停电、停水等突发事件，应采取紧急停车操作，冷静处置，并按要求及时启动竞赛现场突发事件应急处置预案。

二、评分细则

1. 评分细则说明

精馏操作竞赛的考核项目由两部分组成：精馏操作技术指标（85%）和规范操作（15%）。其中精馏操作技术指标得分由电脑根据工艺指标合理性、系统稳定时间、产品浓度、产品产量、原料损耗率等内容自动评分。当操作结束时按下考核结束键，系统自动停止对各个实时指标的考核，计算得出选手精馏操作技术指标的最后得分。

2. 精馏操作评分项目及评分细则表

评分项		评分规则	分值
工艺指标合理性（单点式记分）	进料温度	进料温度与进料板温度差不超过8℃（进料温度不超过90℃），超出范围持续30s系统将自动扣0.2分/次	20
	再沸器液位	再沸器液位稳定维持在450~490mm间，超出范围持续30s系统将自动扣0.2分/次	
	塔压差	塔压差需控制在8kPa以内，超出范围持续30s系统将自动扣分0.2分/次	
系统稳定时间（非线性记分）		以选手按下"考核开始"键作为起始信号，终止信号由计算机根据操作者的实际塔顶温度自动判断。然后由系统设定的扣分标准进行自动记分	10
产品浓度评分（非线性记分）		GC测定产品罐中最终产品浓度80%（0分）~90.50%（满分），按系统设定的扣分标准进行自动记分	20
产品产量评分（线性记分）		电子秤称量所得产品中纯乙醇产量0（0分）~7.5000kg（满分），按系统设定的扣分标准进行自动记分	15
原料损耗率（非线性记分）		计算原料消耗量，并输入到计算机中，按系统设定的扣分标准进行自动记分	10
电耗评分（主要考核单位产品的电耗量）（非线性记分）		计算装置电消耗量（精确到0.1kW·h），并输入到计算机中，按系统设定的扣分标准进行自动记分	5
水耗评分（主要考核单位产品的水耗量）（非线性记分）		计算装置水消耗量（精确到0.0001m³），并输入到计算机中，按系统设定的扣分标准进行自动记分	5

续表

评分项	评分规则	分值
开车准备（4分） ①后②~⑤可不必按顺序操作，但⑥必须在其他操作步骤完毕后进行	①裁判长宣布考核开始。检查总电源、仪表盘电源，查看电压表、温度显示、实时监控仪（0.5分）	12
	②检查并确定工艺流程中各阀门状态，调整至准备开车状态（1.0分）（要求阀门全部关闭，漏关一个阀门0.5分，共1分，扣完止）（检查全部关闭后向裁判报告）	
	③读取电表初始值，填入工艺记录卡；读取DCS操作界面原料槽液位，填入工艺记录卡（0.5分）	
	④检查并清空冷凝液槽、塔顶产品槽中积液（0.5分）	
	⑤查有无供水，并读取水表初始值，填入工艺记录卡（0.5分）	
	⑥规范操作进料泵（离心泵）（0.5分），将原料加入再沸器至合适液位	
	裁判长宣布比赛开始，依次点击评分表中的"确认""清零""复位"键并至"复位"键变成绿色后，切换至DCS控制界面并点击"考核开始"（0.5分）（点击考核开始后至部分回流前再沸器不能随意进、卸料，否则扣1.5分/次，扣完4分为止）	
开车操作（3分）	①规范启动精馏塔再沸器加热系统，升温（0.5分）	
	②开启冷却水上水总阀及精馏塔顶冷凝器冷却水进口阀（0.5分），规范调节冷却水流量（0.5分）	
	③规范操作回流泵（离心泵）（0.5分），回流罐液位超过30mm才能启动回流泵，并通过回流转子流量计进行全回流操作（0.5分），回流罐禁止抽空（1分）	
	④控制冷凝液槽液位及回流量，控制系统稳定性（评分系统自动扣分），必要时可取样分析，但操作过程中气相色谱测试累计不得超过2次	
	⑤选择合适的进料位置（在DCS操作面板上选择后，开启相应的进料阀门，过程中不得更改进料位置）（0.5分）；一旦预热器出口温度必须超过75℃，同时须防止预热器过压操作（0.5分）	
正常运行（1.0分）	①采用双泵操作，规范操作回流泵（离心泵）、塔顶采出泵（离心泵）。塔顶馏出液经塔顶产品冷却器冷却至50℃以下后收集塔顶产品（0.5分）	
	②启动塔底换热器，将塔釜残液冷却至50℃以下后，收集塔釜残液（0.5分）	

续表

评分项	评分规则	分值
正常停车（共4分） （10分钟内完成，未完成，步骤扣除相应分数）	①精馏操作考核80分钟完毕，规范停止进料泵（离心泵），关闭相应管线上阀门（0.5分）	12
	②规范停止预热器加热及再沸器电加热（0.5分）；及时点击DCS操作界面的"考核结束"（0.5分）；规范停回流泵（离心泵）	
	③将塔顶馏出液送入产品槽，停馏出液冷凝水，规范停采出泵（离心泵）（0.5分）	
	④停止塔釜残液采出及塔釜冷却水，关闭上水阀、回水阀（0.5分），并正确读取取水表读数及电表读数，填入工艺记录卡（0.5分）	
	⑤关闭各处阀门的状态（0.5分）（错一处扣0.1分，共0.5分，扣完为止）	
	⑥记录DCS操作面板原料槽液位，收集并称量产品槽中馏出液，填入工艺记录卡（0.5分）；取样交裁判，计时结束；气相色谱分析最终产品含量，本次分析不计入过程分析次数	
安全生产（共3分）	①规范记录数据，此后每10分钟记录一次（1分）（漏记一次扣0.5分，共1分，扣完为止） ②文明操作，服从裁判，尊重工作人员，保持环境整洁（2分） 如发生人为的操作安全事故（如再沸器现场液位低于400mm）、预热器出口温度超过95℃且1分钟之内未处理、设备人为损坏、操作不当导致的严重泄漏、伤人等情况，扣除规范操作项15分	3
否决项	凡在操作中有作弊行为，精馏项目作"0"分处理	

特别说明：只允许在部分回流阶段使用原料预热管线，其他阶段使用该管线造成设备超压、泄漏视为设备认为损坏，扣除规范操作项15分。

化工生产技术技能竞赛参数设置表（表中数据仅供参考）

项　目	满分值	满分对应参数	零分对应参数
系统稳定时间/s	100	2000	3200
产品浓度项（质量浓度）	200	90.50%	80.00%
水消耗项/m³·kg⁻¹	50	0.012	0.160
电耗项/kW·h·kg⁻¹	50	1.5	50
产量项/kg	150	7.5	1.0
原料消耗项（原料液位高度差）/mm·kg⁻¹	100	40	200
指标合理性项	200		
原料浓度		15%~30%	

精馏项目工艺记录表

姓名			竞赛日期		成绩		
原料槽初始液位	mm	原料槽初终液位	mm	原料消耗量 计算公式（L1-L2）	mm		
水表初始值（Vs1）	m³	水表终浓度（Vs2）	m³	水消耗量 计算公式（Vs2-Vs1）	m³		
电表初始读数（A1）	kW·h	电表初始读数（A2）	kW·h	电消耗量 计算公式（A2-A1）	kW·h		
产品浓度			产量（kg）		纯品产量/kg		
时　间 （每10分钟记一次）	温度/℃		流量/L·h⁻¹		液位/mm	压力/kPa	
	进料温度	塔釜温度	顶采出量	釜采出量	塔釜液位	塔顶压力	塔釜压力
备注栏（主要记录操作过程中准备出现的异常现象）							

任务三　设备的维护与保养

学习目标：

一、知识目标

能概述精馏塔的日常保养维护注意事项。

二、技能目标

能完成对精馏塔的日常保养。

任务实施：

1 知识准备

精馏塔的日常维护保养常识如下：

（1）由于精馏塔的塔内物料都是比较清洁的，而且没有任何的污染，所以维护和保养并不需要经常进行，当填料的蒸馏效果出现下降的时候，则需要对其进行大修，这时候需要直接将全塔进行拆卸，并更换填料和法兰片，还需要对全塔进行气密性试验。

（2）在对精馏塔进行检修时，应该将热室内部的污垢清理干净，可以使用毛刷对蒸发室的内壁进行冲洗。

（3）利用化学清洗剂对冷却器和冷凝器中的内外管壁进行除垢。

（4）对精馏塔的仪表和仪器进行检查并校正，保证其处于良好的状态。

（5）检修的过程中，对于管件、阀门和法兰等检查必不可少，当发现部件出现损坏时，及时对其进行维修和更换。

（6）最后对精馏塔装置中的保温层进行仔细的检测，当发现失效和损坏时及时进行更换处理。

2 工作任务单

项目四	精馏塔装置操作
任务三	设备的维护与保养
班级	
时间	
小组	
任务内容	一、精馏塔维护与保养应当注意的事项。 二、画出连续精馏装置图，并分别说出各部分的作用。
任务中的疑惑	

任务四　异常现象的判断与处理

学习目标：

一、知识目标

（1）概述板式塔雾沫夹带；

（2）概述板式塔气泡夹带；

（3）概述精馏塔常见故障现象产生的原因。

二、技能目标

（1）能完成精馏塔的异常现象的报告；

（2）能完成精馏塔常见操作异常现象的识别与处理。

任务实施：

1　知识准备

1.1　雾沫夹带

雾沫夹带是指板上液体被上升气体带入上一层塔板的现象。

影响雾沫夹带的因素很多，最主要与气速和板间距有关，其程度随气速的增大和板间距的减小而增加。

1.2　气泡夹带

气泡夹带是指由于液体在降液管中停留时间过短，气泡来不及解脱，被液体带入下一层塔板的现象。

为避免严重的气泡夹带，工程上规定液体在降液管内应有足够的停留时间，一般不低于5s。

1.3　气体沿塔板的不均匀分布

从降液管流出的液体横跨塔板流动必须克服阻力，板上液面将出现位差，称为液面落差。流体流量越大，行程越大，液面落差越大。

1.4　液体沿塔板的不均匀流动

液体从塔板一端流向另一端时，在塔板中央流体行程较短而直，阻力小流速大；在塔边缘部分，行程长而弯曲，又受到塔壁的牵制，阻力大流速小。因此，液流量在塔板上的分布是不均匀的。

2 板式塔的常见操作故障与处理方法

2.1 漏液：板上液体经升气孔道流下

原因：

（1）气速太小；

（2）板面上液面落差引起气流分布不均。

处理方法：

（1）控制气速在漏液量达液体流量的10%以上的气速；

（2）在液层较厚，易出现漏液的塔板液体入口处，留出一条不开口的区域。

2.2 液泛：整个塔内都充满液体

原因：

（1）对一定的液体流量气速过大；

（2）对一定的气体流量液速过大；

（3）加热过于猛烈，气相负荷过高；

（4）降液管局部被垢物堵塞，液体下流不畅。

处理方法：

（1）气速应控制在泛点气速之下；

（2）减小液相负荷；

（3）调整加热强度，加大采出量；

（4）减负荷运行或停车检修。

2.3 加热强度不够

原因：

（1）蒸汽加热时压力低，冷凝水及冷凝气排出不畅；

（2）液体介质加热时管路堵塞，温度不够。

处理方法：

（1）提高蒸汽压力，及时排除冷凝水和不凝气；

（2）检修管路，提高液体介质温度。

2.4 泵不上量

原因：

（1）过滤器堵塞；

（2）液面太低；

（3）出口阀开得过小；

（4）轻组分浓度过高。

处理方法：

（1）检修过滤器；

(2) 累积液相至合适液位；

(3) 增大阀门开度；

(4) 调整气液相负荷。

2.5 塔压力超高

原因：

(1) 加热过猛；

(2) 冷却剂中断；

(3) 压力表失灵；

(4) 调节阀堵塞或调节阀开度不够。

处理方法：

(1) 加大排气量，减少加热剂量；

(2) 加大排气量，加大冷却剂量；

(3) 更换压力表；

(4) 加大排气量，调整阀门。

2.6 塔压差升高

原因：

(1) 负荷升高；

(2) 液泛引起；

(3) 堵塞造成气、液流动不畅。

处理方法：

(1) 减小进料量，降低负荷；

(2) 按液泛处理方法处理；

(3) 检查疏通。

3 工作任务单

项目四	精馏塔装置操作
任务四	异常现象的判断与处理
班级	
时间	
小组	
任务内容	一、复述雾沫夹带和气泡夹带的定义及影响因素。 二、概述液泛现象发生的原因及处理方法。 三、概述漏液现象发生的原因和处理方法。

任务中的疑惑	

精馏塔操作技能训练方案

　　实训班级：　　　　　　　　　　指导教师：

　　实训时间：　　　年　　月　　日，　　节课。

　　实训时间：

　　实训设备：

　　职业危害：

实训目的：

　　（1）掌握精馏塔的安全操作技能。

　　（2）了解精馏塔操作常见故障及处理方法。

　　（3）加强安全操作意识，体现团队合作精神。

实训前准备：

　　（1）配每套设备上不超过6人，3人一组，1人为组长，1人作故障记录，1人主操。分工协作，共同完成。

　　（2）查受训学员劳动保护用品佩戴是否符合安全要求。

　　（3）查实训设备是否完好。

教学方法与过程：

　　（1）和实际操作同时进行，在明确实训任务的前提下，老师一边讲解一边操作，同时学生跟着操作。

　　（2）每组学员分别练习，教师辅导。

　　（3）学生根据精馏塔操作技能评价表自我评价，交回本表。

　　（4）教师评价，并与学员讨论解决操作中遇到的故障。

技能实训1　认识精馏实训装置及引导学生先大致了解精馏装置，简述其用途，提高学生学习兴趣

　　实训目标：指导学生观察精馏塔主体—观察全凝器—观察塔釜或再沸器—观察产品罐、原料罐—观察仪表及调节系统。

　　实训方法：手指口述。

技能实训 2　精馏塔的开车操作

实训目标：掌握正确的开车操作步骤，了解相应的操作原理。

实训方法：按照实操规程（步骤）进行练习。

（1）开车准备工作：

1）检查水、电、气（空气、氮气）、汽（水蒸气）是否符合工艺的要求；

2）传动设备是否备二待用；

3）设备、仪表、安全设施是否齐全好用；

4）水冷凝器要通入少量的水预冷，加热釜要通少量的蒸汽预热；

5）设备内的氧含量应符合投料的要求；

6）做好前后工段的联系工作，特别要联系好原料的来源供应及产品的储存、输送，通知分析室准备取样分析。

检查完毕，符合要求，发出确认指示，否则，需要现场维修。

（2）开车操作步骤：

1）检查准备。清洁装置环境，检查管路系统各阀门启闭情况是否合适。

2）加料。蒸馏釜、原料罐注入规定量的乙醇-水混合液，开启冷凝器冷却水阀门。

3）升温。接通电源，开始加热升温，使冷凝液全回流。

4）进料。釜底升温到规定温度时启动进料泵，开始进料。

技能实训 3　精馏的正常操作

实训目标：学会判断系统达到稳定的方法，掌握调节回流比的方法，熟悉回流比对精馏塔分离效率的影响。

实训方法：检查准备—加料—升温—全回流—进料—调节回流比—产品分析。

技能实训 4　精馏塔的正常停车

实训方法：按照实操规程（步骤）进行练习。

（1）停止塔的进料，产品可继续采出（当分析结果不合格后再停止采出）。

（2）同时停止塔釜加热和塔顶冷凝，然后缓慢放尽釜液。

（3）停电，停冷却水。

技能实训 5　讨论故障并处理

实训目的：

（1）掌握精馏塔常见故障排除方法。

（2）训练学员发现问题解决问题的能力。

实训方法：

（1）汇集各个小组的故障记录，大家一起讨论解决的方法。

（2）通过实践，记录有效的故障排除方法，指导以后的学员。

精馏塔操作技能评价表

技能实训 名称	精馏塔操作技能实训	班级		指导教师			
		时间		小组成员			
		组长					
实训任务	考核项目				分值	自评得分	教师评分
精馏塔的工 作流程	指出精馏塔主体—全凝器—塔釜或再沸器—产品罐、原料罐— 仪表及调节系统				10		
精馏塔的 开车操作	1. 熟悉开车前准备工作				10		
	2. 掌握开车操作步骤				20		
精馏塔的 正常操作	1. 会判断系统达到稳定的方法				10		
	2. 掌握调节回流比的方法				20		
	3. 解释什么是液泛，分析其原因				10		
精馏塔的 正常停车	掌握精馏塔的正常停车操作步骤				20		
综 合 评 价					100		

项目五 吸收−解吸装置操作

任务一 生产准备

学习目标：

（1）能指出页面中所有装置的名称；

（2）能简单描述出页面中装置的作用；

（3）能按照步骤完成操作；

（4）根据仿真练习能初步掌握吸收解吸的操作和故障处理方法。

任务实施：

仿真练习

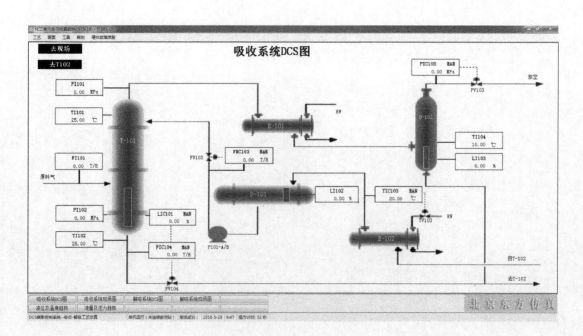

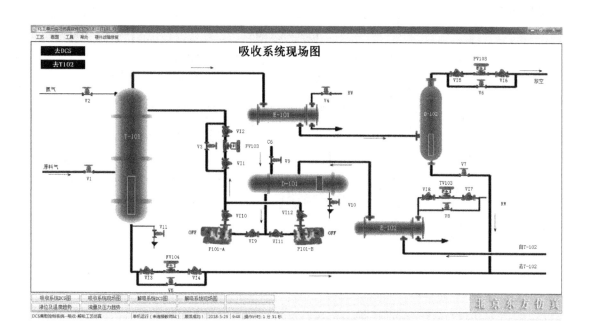

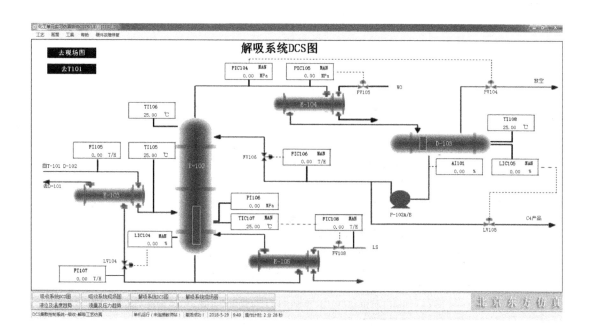

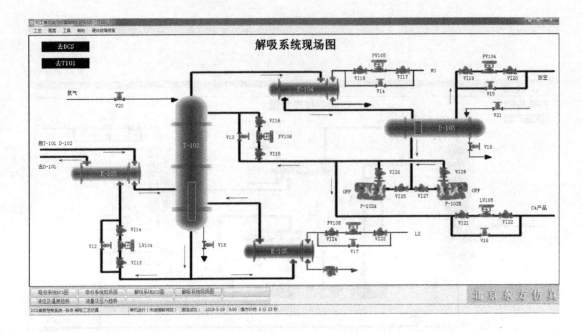

解吸系统现场图

操作过程详单

单元过程	步 骤
吸收解吸的冷态开车	充压： （1）打开 N_2 充压阀 V2，给吸收段系统充压； （2）压力升至 1.0MPa（PI101）； （3）当压力升至 1.0MPa（PI101）后，关闭 V2 阀； （4）打开 N_2 充压阀 V20，给解吸段系统充压； （5）压力升至 0.5MPa（PIC104）； （6）当压力升至 0.5MPa（PIC104）后，关闭 V20 阀。 吸收塔进吸收油： （1）打开引油阀 V9 至开度 50%左右，给 C6 油储罐 D-101 充 C6 油； （2）液位至 50%以上，关闭 V9 阀； （3）打开 P-101A 泵前阀 VI9； （4）启动泵 P-101A； （5）打开 P-101A 泵后阀 VI10； （6）打开调节阀 FV103 前阀 VI1； （7）打开调节阀 FV103 后阀 VI2； （8）手动打开调节阀 FV103（开度为 30%左右）。 解吸塔进吸收油： （1）T-101 液位 LIC101 升至 50%以上，打开调节阀 FV104 前阀 VI3； （2）打开调节阀 FV104 后阀 VI4； （3）手动打开调节阀 FV104（开度 50%）； （4）D-101 液位在 60%左右，必要时补充新油； （5）调节 FV103 和 FV104 的开度，使 T-101 液位在 50%左右

单元过程	步　　骤
吸收解吸的冷态开车	C6 油冷循环： （1）打开调节阀 LV104 前阀 VI13； （2）打开调节阀 LV104 后阀 VI14； （3）手动打开 LV104，向 D-101 倒油； （4）调整 LV104，使 T-102 液位控制在 50%左右； （5）将 LIC104 投自动； （6）将 LIC104 设定在 50%； （7）将 LIC101 投自动； （8）将 LIC101 设定在 50%； （9）LIC101 稳定在 50%后，将 FIC104 投串级； （10）调节 FV103，使其流量保持在 13.5t/h，将 FRC103 投自动； （11）将 FRC103 投自动； （12）将 FRC103 设定在 13.5t/h； （13）D-101 液位在 60%左右； （14）T-101 液位在 50%左右。 向 D-103 进 C4 物料： （1）打开 V21 阀，向 D-103 注入 C4 至液位 LI105>40%； （2）关闭 V21 阀。 T-102 再沸器投入使用： （1）D-103 液位>40%后，打开调节阀 TV103 前阀 VI7； （2）打开调节阀 TV103 后阀 VI8； （3）将 TIC103 投自动； （4）TIC103 设定为 5℃； （5）调节 TIC103 至 5℃； （6）打开调节阀 PV105 前阀 VI17； （7）打开调节阀 PV105 后阀 VI18； （8）手动打开 PV105 至 70%； （9）打开调节阀 PV108 前阀 VI23； （10）打开调节阀 PV108 后阀 VI24； （11）手动打开 PV108 至 50%； （12）打开调节阀 PV104 前阀 VI19； （13）打开调节阀 PV104 后阀 VI20； （14）通过调节 PV104，控制塔压在 0.5MPa。 T-102 回流的建立： （1）当 TI106>45℃时，打开泵 P-102A 的前阀 VI25； （2）启动泵 P-102A； （3）打开泵 P-102A 后阀 VI26； （4）打开调节阀 PV106 前阀 VI15； （5）打开调节阀 PV106 后阀 VI16； （6）手动打开 FV106 至适合开度（流量>2t/h）； （7）维持塔顶温度高于 51℃； （8）将 TIC107 投自动； （9）将 TIC107 设定在 102℃；

单元过程	步　　骤
吸收解吸的冷态开车	（10）将 TIC108 投串级； （11）将 TIC107 在 102℃。 **进富气：** （1）打开 V4 阀，启用冷凝器 E-101； （2）逐渐打开富气进料阀 V1； （3）FI101 流量显示为 5t/h； （4）打开 PV103 前阀 VI5； （5）打开 PV103 后阀 VI6； （6）手动控制调节阀 PV103 使压力恒定在 1.2MPa； （7）设定 PIC103 于 1.2MPa； （8）PV103 稳定于 1.2MPa 左右； （9）手动控制调节阀 PV105，维持塔压在 0.5MPa； （10）当压力稳定后，将 PIC105 投自动； （11）PIC105 设定值为 0.5MPa； （12）PIC104 投自动； （13）PIC104 设定值为 0.55MPa； （14）解吸塔压力、温度稳定后，手动调节 FV106… （15）将 FIC106 设定在 8.0t/h； （16）FIC106 流量显示为 8t/h； （17）D-103 液位 LT105 高于 50% 后，打开 LV105 的前阀 VI21； （18）打开 LV105 的后阀 VI22； （19）手动调节 LV105 维持回流罐液位稳定在 50%； （20）将 LIC105 投自动； （21）将 LIC105 设定在 50%。 **扣分步骤：** （1）P-101A 泵运行方式错误，损坏泵； （2）P-101B 泵运行方式错误，损坏泵； （3）P-102A 泵运行方式错误，损坏泵； （4）P-102B 泵运行方式错误，损坏泵； （5）T-101 液位严重超高； （6）T-101 液位超低； （7）D-101 液位严重超高； （8）D-101 液位超低； （9）D-102 液位严重超高； （10）T-102 液位严重超高； （11）T-102 液位超低； （12）D-103 液位严重超高； （13）T-101 泄液阀 V11 错误打开； （14）T-102 泄液阀 V18 错误打开； （15）D-101 泄液阀 V10 错误打开； （16）D-103 泄液阀 V19 错误打开； （17）T-101 塔顶压力超压； （18）D-102 塔顶压力超压； （19）T-102 塔顶压力超压

单元过程	步　骤
吸收解吸的正常停车	停富气进料和 C4 产品出料： （1）关闭进料阀 V1，停富气进料； （2）将调节器 LIC105 置手动； （3）关闭调节阀 LV105； （4）关闭调节阀 LV105 前阀 VI21； （5）关闭调节阀 LV105 后阀 VI22； （6）将压力控制器 PIC103 置手动； （7）手动控制调节阀 PV103，维持 T-101 压力不小于 1.0MPa； （8）将压力控制器 PIC104 置手动； （9）手动控制调节阀 PV104 维持解吸塔压力在 0.2MPa 左右。 停 C6 油进料： （1）关闭泵 P101A 出口阀 VI10； （2）关闭泵 P101A； （3）关闭泵 P101A 入口阀 VI9； （4）关闭泵 FV103； （5）关闭 FV103 前阀 VI1； （6）关闭 FV103 后阀 VI2； （7）维持 T-101 压力（≥1.0MPa），如果压力太低，打开 V2 充压。 吸收塔系统泄油： （1）将 FIC104 解除串级置手动状态； （2）FV04 开度保持 50% 向 T-102 泄油； （3）当 LIC101 为 0% 时关闭 FV104； （4）关闭 FV104 前阀 VI3； （5）关闭 FV104 后阀 VI4； （6）打开 V7 阀（开度>10%），将 D-102 中凝液排至 T-102； （7）当 D-102 中的液位降至 0 时，关闭 V7 阀； （8）关 V4 阀，中断冷却盐水，停 E-101； （9）手动打开 PV103（开度>10%），吸收塔系统泄压； （10）当 PI101 为 0 时，关 PV103； （11）关 PV103 前阀 VI5； （12）关 PV103 后阀 VI6。 T-102 降温： （1）TIC107 置手动； （2）FIC108 置手动； （3）关闭 E-105 蒸汽阀 FV108； （4）关闭 E-105 蒸汽阀 FV108 前阀 VI23； （5）关闭 E-105 蒸汽阀 FV108 后阀 VI24，停再沸器 E-105； （6）手动调节 PV105 和 PV104，保持解吸塔压力（0.2MPa）。 停 T-102 回流： （1）当 LIC105<10% 时，关 P-102A 后阀 VI26； （2）停泵 P102A； （3）关 P-102A 前阀 VI25； （4）手动关闭 FV106；

续表

单元过程	步　骤
吸收解吸的正常停车	（5）关闭 FV106 后阀 VI16； （6）关闭 FV106 前阀 VI15； （7）打开 D-103 泄液阀 V19（开度>10%）； （8）当液位指示下降至 0 时，关闭 V19 阀。 T-102 泄油： （1）置 LIC104 于手动； （2）手动置 LV104 于 50%，将 T-102 中的油倒入 D-101； （3）当 T-102 液位 LIC104 指示下降至 10%时，关 LV104； （4）关 LV104 前阀 VI13； （5）关 LV104 后阀 VI14； （6）置 TIC103 于手动； （7）手动关闭 TV103； （8）手动关闭 TV103 前阀 VI7； （9）手动关闭 TV103 后阀 VI8； （10）打开 T-102 泄油阀 V18（开度>10%）； （11）T-102 液位 LIC104 下降至 0%时，关 V18。 T-102 泄压： （1）手动打开 PV104 至开度 50%，开始 T-102 系统泄压； （2）当 T-102 系统压力降至常压时，关闭 PV104。 吸收油储罐 D-101 排油： （1）当停 T-101 吸收油进料后，D-101 液位必然上升； （2）直至 T-102 中油倒空，D-101 液位下降至 0%，关 V10。 扣分步骤： （1）P101A 泵运行方式错误； （2）P101B 泵运行方式错误； （3）P102A 泵运行方式错误； （4）P102B 泵运行方式错误； （5）T-101 泄液阀 V11 错误打开； （6）T-101 液位严重超高； （7）D-101 液位严重超高； （8）D-102 液位严重超高； （9）T-102 液位严重超高； （10）D-103 液位严重超高
吸收解吸的正常运行	正常操作： （1）T-101 液位 LIC101 维持在 50%左右； （2）D-101 液位 LI102 维持在 60%左右； （3）T-102 液位 LIC104 维持在 50%左右； （4）D-103 液位 LIC105 维持在 50%左右； （5）T-101 塔顶压力 PI101 维持在 1.22MPa 左右； （6）D-102 塔顶压力 PIC103 维持在 1.2MPa 左右； （7）T-102 塔顶压力 PIC105 维持在 0.5MPa 左右； （8）E-102 热物流出口温度 TIC103 维持在 5℃；

单元过程		步　骤
吸收解吸的正常运行		（9）T-102 塔顶温度 TI106 维持在 51℃左右； （10）T-102 塔釜温度 TI107 维持在 102℃左右； （11）T-101 原料气流量 FI101 维持在 5t/h 左右； （12）T-101 回流流量 FRC103 维持在 13.5t/h； （13）T-101 塔釜出口流量 FIC104 维持在 14.7t/h 左右； （14）T-102 回流流量 FIC106 维持在 8t/h 左右； （15）起始总分归零； （16）操作时间达到 3 分钟； （17）操作时间达到 6 分钟； （18）操作时间达到 9 分钟； （19）操作时间达到 12 分钟； （20）操作时间达到 14 分钟 45 秒。 扣分步骤： （1）T-101 液位严重超高； （2）T-101 液位超低； （3）D-101 液位严重超高； （4）D-101 液位超低； （5）D-102 液位严重超高； （6）T-102 液位严重超高； （7）T-102 液位超低； （8）D-103 液位严重超高； （9）T-101 泄液阀 V11 错误打开； （10）T-102 泄液阀 V18 错误打开； （11）D-101 泄液阀 V10 错误打开； （12）D-103 泄液阀 V19 错误打开； （13）T-101 塔顶压力超压； （14）D-102 塔顶压力超压； （15）T-102 塔顶压力超压
吸收解吸常见故障	P-101A 坏	处理方法： （1）关泵 P-101A 后阀 VI10； （2）关泵 P101A； （3）关泵 P-101A 前阀 VI9； （4）开泵 P-101B 前阀 VI11； （5）开泵 P101B； （6）开泵 P-101B 后阀 VI12； （7）PRC103 维持在 13.5t/h。 扣分步骤： （1）P-101A 泵运行方式错误，损坏泵； （2）P-101B 泵运行方式错误，损坏泵； （3）P-102A 泵运行方式错误，损坏泵； （4）P-102B 泵运行方式错误，损坏泵； （5）T-101 液位严重超高；

单元过程		步　骤
	P-101A 坏	(6) T-101 液位超低； (7) D-101 液位严重超高； (8) D-101 液位超低； (9) D-102 液位严重超高； (10) T-102 液位严重超高； (11) T-102 液位超低； (12) D-103 液位严重超高； (13) T-101 泄液阀 V11 错误打开； (14) T-102 泄液阀 V18 错误打开； (15) D-101 泄液阀 V10 错误打开； (16) D-103 泄液阀 V19 错误打开； (17) T-101 塔顶压力超压； (18) D-102 塔顶压力超压； (19) T-102 塔顶压力超压
吸收解吸 常见故障	加热蒸 汽中断	处理方法： (1) 关闭 V1 阀，停止加料； (2) 关闭 FV106，停吸收解吸塔回流； (3) 关闭 LV105，停产品采出； (4) 关闭 FV104，停止向解吸塔进料； (5) 关闭 PV103 保压； (6) 关闭 LV104，保持液位； (7) 关闭 FV108； (8) 关闭 FV108 前阀 VI24； (9) 关闭 FV108 后阀 VI23。 扣分步骤： (1) P-101A 泵运行方式错误，损坏泵； (2) P-101B 泵运行方式错误，损坏泵； (3) P-102A 泵运行方式错误，损坏泵； (4) P-102B 泵运行方式错误，损坏泵； (5) T-101 液位严重超高； (6) T-101 液位超低； (7) D-101 液位严重超高； (8) D-101 液位超低； (9) D-102 液位严重超高； (10) T-102 液位严重超高； (11) T-102 液位超低； (12) D-103 液位严重超高； (13) T-101 泄液阀 V11 错误打开； (14) T-102 泄液阀 V18 错误打开； (15) D-101 泄液阀 V10 错误打开； (16) D-103 泄液阀 V19 错误打开； (17) T-101 塔顶压力超压；

续表

单元过程	步　骤
加热蒸汽中断	（18）D-102 塔顶压力超压； （19）T-102 塔顶压力超压
解吸塔釜加热蒸汽压力低	解吸塔釜加热蒸汽压力低： （1）将 FIC108 设为手动模式； （2）开大 FV106； （3）当 TIC107 稳定在 102℃左右时，将 FIC108 设为串级； （4）TIC108 稳定在 102℃左右。 扣分步骤： （1）P-101A 泵运行方式错误，损坏泵； （2）P-101B 泵运行方式错误，损坏泵； （3）P-102A 泵运行方式错误，损坏泵； （4）P-102B 泵运行方式错误，损坏泵； （5）T-101 液位严重超高； （6）T-101 液位超低； （7）D-101 液位严重超高； （8）D-101 液位超低； （9）D-102 液位严重超高； （10）T-102 液位严重超高； （11）T-102 液位超低； （12）D-103 液位严重超高； （13）T-101 泄液阀 V11 错误打开； （14）T-102 泄液阀 V18 错误打开； （15）D-101 泄液阀 V10 错误打开； （16）D-103 泄液阀 V19 错误打开； （17）T-101 塔顶压力超压； （18）D-102 塔顶压力超压； （19）T-102 塔顶压力超压
解吸塔釜加热蒸汽压力高	解吸塔釜加热蒸汽压力低： （1）将 FIC108 设为手动模式； （2）开小 FV108； （3）当 TIC107 稳定在 102℃左右时，将 FIC108 设为串级模式； （4）TIC107 稳定在 102℃左右。 扣分步骤： （1）P-101A 泵运行方式错误，损坏泵； （2）P-101B 泵运行方式错误，损坏泵； （3）P-102A 泵运行方式错误，损坏泵； （4）P-102B 泵运行方式错误，损坏泵； （5）T-101 液位严重超高； （6）T-101 液位超低； （7）D-101 液位严重超高；

（左侧合并单元格内容：吸收解吸常见故障）

单元过程		步　骤
	解吸塔釜加热蒸汽压力高	（8）D-101 液位超低； （9）D-102 液位严重超高； （10）T-102 液位严重超高； （11）T-102 液位超低； （12）D-103 液位严重超高； （13）T-101 泄液阀 V11 错误打开； （14）T-102 泄液阀 V18 错误打开； （15）D-101 泄液阀 V10 错误打开； （16）D-103 泄液阀 V19 错误打开； （17）T-101 塔顶压力超压； （18）D-102 塔顶压力超压； （19）T-102 塔顶压力超压
吸收解吸常见故障	解吸塔釜温度指示坏	解吸塔釜温度指示坏： （1）将 FIC108 设为手动模式，手动调整 FV106； （2）将 LIC104 设为手动模式，手动调整 LV104； （3）待 LIC104 稳定在 50% 左右后，将 LIC104 投自动； （4）解吸塔塔顶温度 TI106 稳定在 51℃； （5）解吸塔入口温度 TI105 稳定在 80℃； （6）解吸塔釜液位 LIC104 稳定在 50%。 扣分步骤： （1）P-101A 泵运行方式错误，损坏泵； （2）P-101B 泵运行方式错误，损坏泵； （3）P-102A 泵运行方式错误，损坏泵； （4）P-102B 泵运行方式错误，损坏泵； （5）T-101 液位严重超高； （6）T-101 液位超低； （7）D-101 液位严重超高； （8）D-101 液位超低； （9）D-102 液位严重超高； （10）T-102 液位严重超高； （11）T-102 液位超低； （12）D-103 液位严重超高； （13）T-101 泄液阀 V11 错误打开； （14）T-102 泄液阀 V18 错误打开； （15）D-101 泄液阀 V10 错误打开； （16）D-103 泄液阀 V19 错误打开； （17）T-101 塔顶压力超压； （18）D-102 塔顶压力超压； （19）T-102 塔顶压力超压

续表

单元过程		步　骤
吸收解吸常见故障	解吸塔超压	解吸塔超压： （1）开大 PV105； （2）将 PIC104 设为手动模式； （3）调节 PIC104 以使解吸塔塔顶压力稳定在 0.5MPa； （4）当 PIC105 稳定在 0.5MPa 左右时，将 PIC105 设为自动模式； （5）将 PIC105 设为 0.5MPa； （6）当 PIC105 稳定在 0.5MPa 左右时，将 PIC104 设为自动模式； （7）将 PIC104 设为 0.55MPa； （8）PIC105 稳定在 0.5MPa 左右。 扣分步骤： （1）P-101A 泵运行方式错误，损坏泵； （2）P-101B 泵运行方式错误，损坏泵； （3）P-102A 泵运行方式错误，损坏泵； （4）P-102B 泵运行方式错误，损坏泵； （5）T-101 液位严重超高； （6）T-101 液位超低； （7）D-101 液位严重超高； （8）D-101 液位超低； （9）D-102 液位严重超高； （10）T-102 液位严重超高； （11）T-102 液位超低； （12）D-103 液位严重超高； （13）T-101 泄液阀 V11 错误打开； （14）T-102 泄液阀 V18 错误打开； （15）D-101 泄液阀 V10 错误打开； （16）D-103 泄液阀 V19 错误打开
	冷却水中断	处理方法： （1）手动打开 PV104 保压； （2）关闭 FV106 停用再沸器； （3）关闭 V1 阀； （4）关闭 PV105； （5）关闭 PV105 后阀 VI18； （6）关闭 PV105 前阀 VI17； （7）手动关闭 PV103 保压； （8）手动关闭 PV104，停止向解吸塔进料； （9）手动关闭 LV105，停出产品； （10）手动关闭 PV103； （11）手动关闭 PV106，停吸收塔贫油进料和解吸塔回流； （12）关闭 LV104，保持液位。 扣分步骤： （1）P-101A 泵运行方式错误，损坏泵； （2）P-101B 泵运行方式错误，损坏泵；

续表

单元过程	步　骤
冷却水 中断	（3）P-102A 泵运行方式错误，损坏泵； （4）P-102B 泵运行方式错误，损坏泵； （5）T-101 液位严重超高； （6）T-101 液位超低； （7）D-101 液位严重超高； （8）D-101 液位超低； （9）D-102 液位严重超高； （10）T-102 液位严重超高； （11）T-102 液位超低； （12）D-103 液位严重超高； （13）T-101 泄液阀 V11 错误打开； （14）T-102 泄液阀 V18 错误打开； （15）D-101 泄液阀 V10 错误打开； （16）D-103 泄液阀 V19 错误打开； （17）T-101 塔顶压力超压； （18）D-102 塔顶压力超压； （19）T-102 塔顶压力超压
吸收解吸 常见故障 调节阀 LV104 阀卡	处理方法： （1）关 LIC104 前阀 VI13； （2）关 LIC104 后阀 VI14； （3）开 LIC104 旁路阀 V12 至 60%左右； （4）调整旁路阀 V12 开度，使液位保持 50%。 扣分步骤： （1）P-101A 泵运行方式错误，损坏泵； （2）P-101B 泵运行方式错误，损坏泵； （3）P-102A 泵运行方式错误，损坏泵； （4）P-102B 泵运行方式错误，损坏泵； （5）T-101 液位严重超高； （6）T-101 液位超低； （7）D-101 液位严重超高； （8）D-101 液位超低； （9）D-102 液位严重超高； （10）T-102 液位严重超高； （11）T-102 液位超低； （12）D-103 液位严重超高； （13）T-101 泄液阀 V11 错误打开； （14）T-102 泄液阀 V18 错误打开； （15）D-101 泄液阀 V10 错误打开； （16）D-103 泄液阀 V19 错误打开； （17）T-101 塔顶压力超压； （18）D-102 塔顶压力超压； （19）T-102 塔顶压力超压

续表

单元过程		步　骤
吸收解吸 常见故障	停电	处理方法： （1）打开泄液阀 V10，保持 LI102 液位在 55%； （2）保持 LI102 液位在 55%； （3）打开泄液阀 V19，保持 LI105 液位在 50%左右； （4）保持 LI105 液位在 50%左右； （5）停止进料，关 V1 阀。 扣分步骤： （1）P-101A 泵运行方式错误，损坏泵； （2）P-101B 泵运行方式错误，损坏泵； （3）P-102A 泵运行方式错误，损坏泵； （4）P-102B 泵运行方式错误，损坏泵； （5）T-101 液位严重超高； （6）T-101 液位超低； （7）D-101 液位严重超高； （8）D-101 液位超低； （9）D-102 液位严重超高； （10）T-102 液位严重超高； （11）T-102 液位超低； （12）D-103 液位严重超高； （13）T-101 泄液阀 V11 错误打开； （14）T-102 泄液阀 V18 错误打开； （15）T-101 塔顶压力超压； （16）D-102 塔顶压力超压； （17）T-102 塔顶压力超压
	吸收塔 超压	吸收塔超压： （1）关小原料气进料阀 V1，使吸收塔塔顶压力 PI101 稳定在 1.22MPa； （2）将 PIC103 设定为手动模式； （3）调节 PV103 以使吸收塔塔顶压力 PI101 稳定在 1.22MPa； （4）将原料气进料阀 V1 置为 50%； （5）当 PI101 稳定在 1.22MPa 后，将 PIC103 设为手动模式； （6）将 PIC103 设为 1.2MPa； （7）PI101 稳定在 1.22MPa 左右。 扣分步骤： （1）P-101A 泵运行方式错误，损坏泵； （2）P-101B 泵运行方式错误，损坏泵； （3）P-102A 泵运行方式错误，损坏泵； （4）P-102B 泵运行方式错误，损坏泵； （5）T-101 液位严重超高； （6）T-101 液位超低； （7）D-101 液位严重超高；

单元过程		步　骤
	吸收塔超压	(8) D-101 液位超低； (9) D-102 液位严重超高； (10) T-102 液位严重超高； (11) T-102 液位超低； (12) D-103 液位严重超高； (13) T-101 泄液阀 V11 错误打开； (14) T-102 泄液阀 V18 错误打开； (15) D-101 泄液阀 V10 错误打开； (16) D-103 泄液阀 V19 错误打开
吸收解吸常见故障	仪表风中断	处理方法： (1) 打开 PRC103 旁路阀 V3； (2) 打开 PIC104 旁路阀 V5； (3) 打开 PIC103 旁路阀 V6； (4) 打开 TIC103 旁路阀 V8； (5) 打开 LIC104 旁路阀 V12； (6) 打开 PIC106 旁路阀 V13； (7) 打开 PIC105 旁路阀 V14； (8) 打开 PIC104 旁路阀 V15； (9) 打开 LIC105 旁路阀 V16； (10) 打开 PIC108 旁路阀 V17。 扣分步骤： (1) P-101A 泵运行方式错误，损坏泵； (2) P-101B 泵运行方式错误，损坏泵； (3) P-102A 泵运行方式错误，损坏泵； (4) P-102B 泵运行方式错误，损坏泵； (5) T-101 液位严重超高； (6) T-101 液位超低； (7) D-101 液位严重超高； (8) D-101 液位超低； (9) D-102 液位严重超高； (10) T-102 液位严重超高； (11) T-102 液位超低； (12) D-103 液位严重超高； (13) T-101 泄液阀 V11 错误打开； (14) T-102 泄液阀 V18 错误打开； (15) D-101 泄液阀 V10 错误打开； (16) D-103 泄液阀 V19 错误打开； (17) T-101 塔顶压力超压； (18) D-102 塔顶压力超压； (19) T-102 塔顶压力超压

单元过程		步　骤
吸收解吸 常见故障	再沸器 E-105结 垢严重	停富气进料和 C4 产品出料： （1）关闭进料阀 V1，停富气进料； （2）将调节器 LIC105 置手动； （3）关闭调节阀 LV105； （4）关闭调节阀 LV105 后阀 VI21； （5）关闭调节阀 LV105 前阀 VI22； （6）将压力控制器 PIC103 置手动； （7）手动控制调节阀 PV103，维持 T-101 压力不小于 1.0MPa； （8）将压力控制器 PIC104 置手动； （9）手动控制调节阀 PV104 维持解吸塔压力在 0.2MPa 左右。 停 C6 油进料： （1）关闭泵 P101A 出口阀 VI10； （2）关闭泵 P101A； （3）关闭泵 P101A 出口阀 VI9； （4）关闭 FV103 后阀； （5）关闭 FV103 前阀； （6）关闭 FV103； （7）维持 T-101 压力（≥1.0MPa），如果压力太低，打开 V2 充压。 吸收塔系统泄油： （1）将 PIC 解除串级置手动状态； （2）PV104 开度保持 50%向 T-102 泄油； （3）当 LIC101 为 0%时关闭 PV104； （4）关闭 PV104 前阀 VI4； （5）关闭 PV104 后阀 VI3； （6）打开 V7 阀（开度>10%），将 D-102 中凝液排至 T-102； （7）当 D-102 中的液位降至 0 时，关闭 V7 阀； （8）关 V4 阀，中断冷却盐水，停 E-101； （9）手动打开 PV103（开度>10%），吸收塔系统泄压； （10）当 PI101 为 0 时，关 PV103； （11）关 PV103 前阀 VI6； （12）关 PV103 后阀 VI5。 T-102 降温： （1）TIC107 置手动； （2）FIC108 置手动； （3）关闭 E-105 蒸汽阀 FV106； （4）关闭 E-105 蒸汽阀 FV108 前阀； （5）关闭 E-105 蒸汽阀 FV108 后阀，停再沸器 E-105； （6）手动调节 PV105 和 PV104，保持解吸塔压力（0.2MPa）。 停 T-102 回流： （1）当 LIC105<10%时，关 P-102A 前阀 VI26； （2）停泵 P102A； （3）关 P-102A 后阀；

单元过程		步　骤
吸收解吸常见故障	再沸器E-105结垢严重	（4）手动关闭 FV106； （5）关闭 FV106 后阀 VI16； （6）关闭 FV106 前阀 VI15； （7）打开 D-103 泄液阀 V19（开度为 10%）； （8）当液位指示下降至 0 时，关闭 V19 阀。 T-102 泄油： （1）手动置 LV104 于 50%，将 T-102 中的油倒入 D-101； （2）当 T-102 液位 LIC104 指示下降至 10% 时，关 LV104； （3）关 LV104 前阀 VI14； （4）关 LV104 后阀； （5）手动关闭 TV103； （6）手动关闭 TV103 前阀； （7）手动关闭 TV103 后阀 VI7； （8）打开 T-102 泄油阀 V18（开度>10%）； （9）T-102 液位 LIC104 下降至 0% 时，关 V18。 T-102 泄压： （1）手动打开 PV104 至开度 50%，开始 T-102 系统泄压； （2）当 T-102 系统压力降至常压时，关闭 PV104。 吸收油储罐 D-101 排油： （1）当停 T-101 吸收油进料后，D-101 液位必然上升； （2）直至 T-102 中油倒空，D-101 液位下降至 0%，关 V10。 扣分步骤： （1）P-101A 泵运行方式错误； （2）P-101B 泵运行方式错误； （3）P-102A 泵运行方式错误； （4）P-102B 泵运行方式错误； （5）T-101 液位严重超高； （6）D-101 液位严重超高； （7）D-102 液位严重超高； （8）T-102 液位严重超高； （9）D-103 液位严重超高； （10）T-101 泄液阀 V11 错误打开

1　吸收塔启动前的准备工作

（1）吸收剂制备。

（2）对风机进行检查，喷淋泵以及其他等设备是否可直接投入使用，做好前期准备工作。

（3）一切正常后，启动电源，进行试运行。若风机运转后喷淋系统正常运作，表示设备可正常工作，此时方可投入运行。

2 工作任务单

项目五	吸收塔装置操作
任务一	生产准备
班级	
时间	
小组	
任务内容	一、认识气体吸收装置。  二、吸收是怎么回事？解吸又是怎么回事？ 三、吸收剂、吸收质和惰性气分别是指什么？ 四、填料塔的结构是怎样的，各部件起什么作用？ 五、吸收塔启动前的准备工作。
任务中的疑惑	

任务二　装置操作

学习目标：

一、知识目标

（1）能复述吸收剂的选择，概述吸收塔操作的主要控制因素。
（2）能概述吸收塔装置的开车操作规程。
（3）能概述吸收塔装置的停车操作规程。

二、技能目标

（1）能按照操作规程要求完成吸收塔装置的开车操作。
（2）能完成吸收塔的正常操作。
（3）能按照操作规程要求完成吸收塔装置的停车操作。

任务实施：

1　知识准备

1.1　吸收剂的选择

在吸收操作中，吸收剂性能的优劣常常是决定吸收操作是否良好的关键所在。吸收剂的选择主要考虑以下几个方面问题：

（1）吸收剂对溶质组分要具有较大的溶解度。
（2）对溶质组分要具有良好的选择性。
（3）在操作温度下挥发度要小。
（4）要容易再生。
（5）在操作温度下，吸收剂黏度要低，不易发泡。
（6）既经济安全，又价廉易得，无毒、不易燃烧、化学性能稳定。

1.2　吸收塔操作的主要控制因素

吸收塔操作是以吸收后的尾气浓度或出塔溶剂中溶质的浓度作为控制指标。当以净化气体为操作目的时，吸收后的尾气浓度为主要控制指标；当以吸收液作为产品时，以出塔溶液的浓度作为主要控制指标。

1.2.1　操作温度

吸收塔的操作温度对吸收速率有很大影响。温度越低，气体溶解率越高；反之，温度越高，吸收率越低，易造成尾气中溶质浓度升高。

1.2.2　操作压力

压力越大，溶解度越大，所以提高操作压力有利于吸收操作，实际操作压力主要由原料气组成、工艺要求的气体净化程度和前后工序的操作压力决定。

1.2.3　吸收剂用量

吸收剂用量较小时，出塔溶液的浓度必然较大。在实际操作中，若吸收剂用量过小，填料表面润湿不充分，气液两相接触不够充分，出塔溶液的浓度不会因吸收剂用量小而有明显提高，反而会造成尾气中溶质浓度的增加，吸收率下降。

吸收剂用量越大，气液接触面积越大，也可以适当降低吸收温度，使吸收率提高；当吸收液浓度已远低于平衡浓度时，继续增加吸收剂用量已不能明显提高吸收率，相反会造成塔内积液过多，压差变大，使塔内操作恶化；另外，吸收剂用量加大，还会加大溶剂再生的负荷。

1.2.4　吸收剂中的溶质浓度

在吸收剂循环使用的过程中，吸收剂中溶质的浓度会越来越大，吸收推动力会越来越小。

1.2.5　气体流速

气体流速直接影响吸收过程。气速大使气、液膜变薄，减少气体向液体扩散的阻力，有利于吸收。但气速过大又会造成液泛、雾沫夹带或气、液接触不良等现象。因此，气流速度要适当，才能保证吸收操作高效稳定进行。

1.2.6　液位

液位是吸收系统重要的控制因素。液位过低，会造成气体窜到后面低压设备引起超压或发生溶液泵抽空现象；液位过高，会造成出口气体带液，影响后面工序运行。

总之，操作过程中，应根据原料组分的变化和生产负荷的波动，及时的进行工艺调整，发现问题及时解决。

1.3　吸收塔的操作

1.3.1　正常开车

1.3.1.1　开车前准备

（1）打开所有控制阀的前后阀；

（2）打开 V01T100，设置开度为 50%，吸收塔单元进行氮气充压；当压力控制表 PIC100 显示值接近 1.23MPa 时，关闭 V01T100；将 PIC100 投自动，设定 SP 值为 1.23MPa。

1.3.1.2　吸收、解吸系统充液

（1）打开阀 V02V301 和 V03T100，对罐 V301 和吸收塔 T100 进行充液；待储罐 V301 补充 C_6 至液位为 70% 时，关闭 V02V301；在操作过程中若 V301 液位 LI101 低于 50%，注意随时开阀 V02V301 补液。

（2）打开泵 P100A/B 前阀 V01P100A/B，当 V301 液位达到 30% 后启动泵 P100A/B，然后开泵后阀 V02P100A/B；打开 FIC101（设置开度为 40%），对吸收塔 T100 塔顶段进行充液。

（3）当吸收塔 T100 塔釜液位达到 30% 时，打开 FIC100（设置开度为 30%），对解吸塔 T101 进行充液。

（4）在吸收塔向解吸塔进料的同时，打开 V01V303 对气液分离罐 V303 进行充液；当气液分离罐 V303 的液位到达 50% 左右时，关闭 V01V303。

（5）当吸收塔 T100 液位 LIC100 达到 50%以上，关闭充液阀 V03T100。

（6）打开泵 P101A 的前阀 V01P101A，当 V303 液位达到 30%时启动泵 P101A，然后开后阀 V02P101A；打开 FIC104（设置开度为 40%），对解吸塔 T101 充液。

（7）解吸塔液位达到 20%时，稍开 FIC105（设置开度为 20%），对解吸塔塔釜进行加热，加热到 140℃左右；注意观察压力控制表 PIC102 和 PIC101 的显示值，当 PIC102 压力接近 0.3MPa 时，设置 PIC102 开度为 50%，并投自动（设定值 SP 为 0.3）。压力表 PIC101 达到 0.3MPa 时，投自动。

1.3.1.3 解吸到吸收的回流换热、建立循环

（1）缓慢打开 TIC100，打开阀 V01E201 至 50%开度。

（2）当解吸塔液位达到 45%时，打开 LIC101（设置开度为 30%）。注意：换热器要先进冷物流后进热物流；当 T101 液位接近 50%后，缓慢调大 LIC101 开度至 60%左右。

（3）调节 TIC100 开度，将换热器 E202 热物流出口温度 TIC100 控制在 5℃左右。

（4）当 T100 液位达到 50%左右后，调节 FIC101 开度，将吸收塔 T100 回流量控制在 14220kg/h，然后将 FIC101 投自动。

（5）当 T101 液位达到 50%左右后，调节 FIC104 开度使 C₄ 回流量为 8000kg/h，然后将 FIC104 投自动。

1.3.1.4 进富气

（1）保持 T100 的压力为 1.23MPa。

（2）打开 FIC200，开大 FIC200 的 OP 值至 50%左右，将富气进料量控制在 3000kg/h。

（3）将 FIC200 投自动。

（4）手动调节 FIC100 开度，待吸收塔液位 LIC100 稳定在 50%左右，且塔釜出液量为 15040kg/h 左右时，将 FIC100 投串级，LIC100 投自动；投串级技巧：先将 FIC100 投自动将流量控制在 15040kg/h 左右，流量稳定后再将 FIC100 改投串级，LIC100 投自动。操作过程中若整体不稳，可以解除串级后调整至正常工况后再投串级。

（5）缓慢开大调节 LIC101 开度（正常开度为 60%左右），将解吸塔 T101 液位 LIC101 控制在 50%左右，将 LIC101 投自动。

（6）当 T101 液位达到 50%左右后，调大 FIC105 开度，将解吸塔塔釜温度 TIC101 控制在 160℃左右，且加热蒸汽流量 FIC105 在 10000kg/h 左右时，将 FIC105 投串级，TIC101 投自动；TIC100 读数稳定在 5℃后，将 TIC100 投自动。

（7）调节 LIC102 开度使 V303 液位稳定在 50%左右，稳定后投自动。

1.3.2 正常运行及调整

熟悉流程，维持各工艺参数的稳定；密切注意各工艺参数的变化情况，发现较大波动或事故，应先分析原因，做到及时、正确处理。本流程还要注意以下参数的变化：

（1）V302 液位。生产过程中可能会有少量的 C₄ 和 C₆ 组分积累于气液分离罐中，要定期观察 V302 的液位，当液位高于 70%后，向解吸塔排液。

（2）T101 塔压。一般情况下，T101 的压力由调节器 PIC102 改变冷凝器 E204 的冷却水流量来控制。随着生产的进行，因惰性气体及不凝气的积累造成压力超高时，T101 塔顶压力超高保护控制器 PIC101 会自动打开排放不凝气，维持压力在正常值。必要时可手动打开 PIC101 进行泄压。

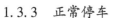

1.3.3　正常停车

1.3.3.1　停富气进料和 C_4 产品出料

（1）若 C_6 进料阀 V02V301 开，则关闭阀 V02V301，停止 C_6 新鲜进料。

（2）将 FIC200 置于手动状态，调节其开度 OP 值为 0，关闭进料阀 FV200，停富气进料。

（3）停 C_4 产品出料，将调节器 LIC102 置于手动，逐步调小 LIC102 至关闭；关闭阀 LV102I、阀 LV102O。

（4）富气进料中断后，吸收塔 T100 塔压会降低，手动控制调节 PIC100，维持 T100 压力大于 1.0MPa。

（5）手动控制调节 PIC102 维持解吸塔压力在 0.3MPa 左右。

（6）维持吸收塔 T100、解吸塔 T101、C_6 油贮罐的 C_6 油循环。

1.3.3.2　停吸收塔系统

（1）停 C_6 油进料。

（2）关闭泵 P100A 出口阀 V02P100A、停泵 P100A、关闭泵入口阀 V01P100A。

（3）手动关闭控制阀 FV101 及其前后阀 FV101I、FV101O，停止对吸收塔的进油。在此过程中应注意保持 T100 的压力，压力低时可用 N_2 充压；否则塔釜的 C_6 油无法排出。

1.3.3.3　吸收塔系统泄油

（1）打开 V02T100，解除调节器 LIC100 和 FIC100 的串级，并将其置于手动状态，保持 FIC100 的开度在 50% 左右，向解吸塔 T101 泄油（实际生产中是打开 FIC100 向解吸塔排料来泄油，但实际所需时间很长，仿真过程中打开 V02T100 来快速泄油）。

（2）当 LIC100 液位降至 <5% 时，关闭控制阀 FV100 及其前后阀 FV100I、FV100O。

（3）关闭阀 V02T100。

（4）接着关闭 V01E201 阀，中断冷却盐水，停 E201。

（5）手动打开 PIC100（开度 >10%），当吸收塔系统泄压至常压将开度调为 0，关闭 PV100 及其前后阀 PV100I、阀 PV100O。

1.3.3.4　吸收油贮罐 V301 排油

（1）当停吸收塔进油后，V301 液位必然上升，此时打开 V301 排油阀 V01V301（50% 开度）。

（2）当解吸塔 T101 液位降为 0%，V301 液位降至 0% 后，关闭 V01V301。

1.3.3.5　停解吸塔系统

T101 降温：

（1）解除调节器 TIC101 和 FIC105 的串级，并将其置于手动状态，关闭控制器 FIC105，停再沸器 E205；关闭流量控制阀 FV105 前后阀 FV105I、FV105O。

（2）同时手动调节 PIC101 和 PIC102，保持解吸塔的压力。

停 T101 回流：

当回流罐 V303 的液位 LIC102 降为 5% 后，关闭回流泵 P101A 出口阀 V02P101A，停泵，关闭入口阀 V01P101A，手动关闭流量控制器 FIC104，关闭控制阀 FV104 前后阀 FV104I、FV104O，停解吸塔回流（由于实际生产中 V303 泄液慢，所需时间很长，仿真过程中可以打开阀 V02V303 来快速泄油，当 V303 液位降为 0 后关闭阀 V02V303）。

T101 泄油：

（1）手动调节 LIC101 开度为 100%，将 T101 中的油倒入 V301（也可以同时全开旁路阀 LV101B 加快泄油速度）。

（2）当解吸塔液位 LIC101 指示降至 0.1% 时，关闭液位控制阀 LV101 及其前后阀 LV101I、LV101O（若旁路阀 LV101B 处于开的状态，则关闭 LV101B）。

（3）关闭 TV100 及其前后阀 TV100I、TV100O，停止冷却水进料，停 E202。

T101 泄压：

（1）手动打开控制器 PIC101 至开度为 50%，对解吸系统泄压。

（2）当解吸系统压力降至常压（压力指示 PIC101 降为 0）时，关闭 PIC101，关闭 PV101 前后阀 PV101I、PV101O。

（3）关闭压力控制器 PIC102，并关闭阀 PV102I、PV102O。

2　工作任务单

项目五	吸收塔装置操作
任务二	装置操作
班级	
时间	
小组	
任务内容	一、吸收剂的选择主要考虑哪几方面？ 二、简述影响吸收塔操作的主要控制因素。 三、简述吸收塔的开车、停车的操作规程。
任务中的疑惑	

任务三　设备的维护与保养

学习目标:

一、知识目标

能概述吸收塔的日常保养维护注意事项。

二、技能目标

能完成对吸收塔的日常保养。

任务实施:

1　知识准备:吸收塔的日常维护保养常识

以酸雾吸收塔为例:

酸雾吸收塔维护时要注意贮液箱中 NaOH 溶液浓度应保持在 2%~6% 范围内,当浓度低于 2% 时,必须加注 NaOH 溶液。当贮液箱中由酸碱中和生成的盐浓度高于 20% 时或根据实际使用情况进行定期更换溶液。

酸雾吸收塔保养:

(1) 风机及水泵的电机必须采取防雨措施,以防电机受潮。

(2) 净化塔必须有专人负责管理,经常检查风机和水泵运转是否正常,滤液器及喷嘴是否堵塞,液位是否正常,浮球是否失灵,吸收中和液溶度是否在规定范围内等,如发现问题,应及时解决。

风机与水泵开关程序:开机时,先开风机,后开水泵;关机时,先关水泵,再关风机。为防止由风机的开关引起的贮液箱液位升降,故必须做到风机启动时打开浮球供水阀;风机停止时,必须先关闭浮球供水阀门。

2　工作任务单

项目五	吸收塔装置操作
任务三	设备的维护与保养
班级	
时间	
小组	
任务内容	一、吸收塔维护与保养应当注意的事项。

任务中的疑惑	

任务四　异常现象的判断与处理

学习目标：

一、知识目标

（1）概述离心泵常见故障现象产生的原因。

（2）概述处理吸收塔常见故障的措施。

二、技能目标

（1）能完成吸收塔的异常现象的报告。

（2）掌握吸收塔常见故障原因分析及对应的处理方法。

（3）能完成离心泵异常现象的报告，完成离心泵常见故障现象的识别。

任务实施：

1　常见故障原因分析及处理方法

1.1　尾气夹带液体量大

原因：

（1）原料气量过大；

（2）吸收剂量过大；

（3）吸收塔液面太低；

（4）吸收剂太脏、黏度大；

（5）填料堵塞。

处理方法：

（1）减少进塔原料气量；

（2）减少进塔喷淋量；

（3）调节排液阀，控制在规定范围内；

（4）过滤或更换吸收剂；

（5）停车检查，清洗更换填料。

1.2　吸收剂用量突然下降

原因：

（1）溶液槽液位低、泵抽空；

（2）水压低或停水；

（3）水泵损坏。

处理方法：

（1）补充溶液；

（2）使用备用水源或停车；

（3）启动备用水泵或停车检修。

1.3　尾气浓度变大

原因：

（1）进塔原料气中浓度高；

（2）进塔吸收剂用量不够；

（3）吸收温度过高或过低；

（4）喷淋效果差；

（5）填料堵塞。

处理方法：

（1）降低进塔入口处的浓度；

（2）加大进塔吸收剂用量；

（3）调节吸收剂入塔温度；

（4）清理、更换喷淋装置；

（5）停车检修或更换填料。

1.4　塔内压差太大

原因：

（1）进塔原料气量大；

（2）进塔吸收剂量大；

（3）吸收剂太脏、黏度大；

（4）填料堵塞。

处理方法：

（1）降低原料气量；

（2）降低进塔吸收剂用量；

（3）过滤或更换吸收剂；

（4）停车检查，清洗更换填料。

1.5　塔液面波动

原因：

（1）原料气压波动；

（2）吸收剂用量波动；

（3）液面调节器出故障。

处理方法：

（1）稳定原料气压力；

（2）稳定吸收剂用量；

（3）修理或更换液面调节器。

1.6　鼓风机有响声

原因：

（1）杂物带入机内；

（2）水带入机内；

（3）轴承缺油或损坏；

（4）油箱油位过低、油质差；

（5）齿轮啮合不好，有活动；

（6）转子间隙不当或轴向位转。

处理方法：

（1）紧急停车处理；

（2）排出机内积水；

（3）停车加油或更换轴承；

（4）加油或更换油；

（5）停车检修或启动备用鼓风机；

（6）停车检修或启动备用鼓风机。

2　工作任务单

项目五	吸收塔装置操作
任务四	异常现象的判断与处理
班级	
时间	
小组	
任务内容	一、说出填料吸收塔常见的故障及处理方法。
任务中的疑惑	

吸收塔操作技能训练方案

实训班级： 指导教师：
实训时间： 年 月 日， 节课。
实训时间：
实训设备：
职业危害：

实训目的：

（1）掌握吸收塔的安全操作技能。
（2）了解吸收塔常见故障及处理方法。
（3）加强安全操作意识，体现团队合作精神。

实训前准备：

（1）配每套设备上不超过6人，3人一组，1人为组长，1人作故障记录，1人主操。分工协作，共同完成。
（2）查受训学员劳动保护用品佩戴是否符合安全要求。
（3）查实训设备是否完好。

教学方法与过程：

（1）和实际操作同时进行，在明确实训任务的前提下，老师一边讲解一边操作，同时学生跟着操作。
（2）每组学员分别练习，教师辅导。
（3）学生根据吸收塔操作技能评价表自我评价，交回本表。
（4）教师评价，并与学员讨论解决操作中遇到的故障。

技能实训1 认识吸收塔的工作流程

实训目标：熟悉吸收塔的工作流程，认识各种阀门、监测仪表。
实训方法：手指口述。

技能实训2 吸收塔泵的开车操作

实训目标：掌握正确的开车操作步骤，了解相应的操作原理。
实训方法：按照实操规程（步骤）进行练习。
（1）开车准备工作：
检查准备：检查塔体、电源、仪表及吸收剂、混合气体管路是否正常。
检查完毕，符合要求，发出确认指示；否则，需要现场维修。
（2）开车操作步骤：

向填料吸收塔塔内冲压至操作压力，启动吸收剂循环泵并调节塔顶喷淋量至生产要求；

待系统运转稳定后，即可通入原料混合气。

技能实训3　吸收塔的正常操作

实训目标：掌握吸收塔正常运行时的工艺指标及相互影响关系，了解运行过程中常见的异常现象及处理方法。

（1）正常操作：

1）调整合适的气体压力和流速，维持塔顶与塔底压力稳定；

2）控制吸收剂进入温度，将吸收温度控制在规定范围内；

3）记录各控制点的变化情况。

（2）测定吸收尾气的浓度：

采样测定吸收尾气的浓度。

（3）不正常操作与调整：

加大气、液流量，人为造成液泛事故，再调整到正常。

技能实训4　吸收塔的正常停车

实训方法：按照实操规程（步骤）进行练习。

（1）临时停车：

1）停止向系统送气，同时关闭系统的出口阀；

2）停止向系统送循环液；

3）关闭其他设备的进出口阀。

（2）长期停车：

1）按短期停车方法停车，开启放空阀，卸掉系统压力；

2）将系统中的溶液排放到溶液储槽，然后用清水洗净；

3）用鼓风机向系统送入空气，进行空气置换。

技能实训5　讨论故障并处理

实训目的：

（1）掌握吸收塔常见故障排除方法。

（2）训练学员发现问题解决问题的能力。

实训方法：

（1）汇集各个小组的故障记录，大家一起讨论解决的方法。

（2）通过实践，记录有效的故障排除方法，指导以后的学员。

吸收塔操作技能评价表

技能实训名称	吸收塔操作技能实训	班级		指导教师	
		时间		小组成员	
		组长			

续表

实训任务	考核项目	分值	自评得分	教师评分
吸收塔的工作流程	1. 手指口述吸收塔工作流程	10		
	2. 手指口述解吸塔工作流程	10		
吸收塔的开车操作	1. 熟悉开车前准备工作	5		
	2. 掌握开车操作步骤	15		
吸收塔的正常操作	1. 调节排放阀，保持吸收塔液面稳定	15		
	2. 采样测定吸收尾气的浓度	10		
	3. 加大气、液流量，人为造成液泛事故，再调整到正常	15		
吸收塔的正常停车	1. 掌握吸收塔的临时停车操作步骤	10		
	2. 掌握吸收塔的长期停车操作步骤	10		
综 合 评 价		100		

项目六　干燥装置操作

任务一　生产准备

学习目标：

一、知识目标

（1）熟悉湿空气性质；
（2）掌握固体物料干燥过程的相平衡；
（3）掌握干燥过程基本计算；
（4）了解典型干燥设备的工作原理、结构特点。

二、技能目标

掌握干燥基本操作：

在化工、制药、纺织、造纸、食品、农产品加工等行业，常常需要将固体物料中的湿分除去，以便于贮藏、运输及进一步加工，达到生产规定的要求。

除去固体物料中湿分的方法称为去湿。去湿的方法很多，其中用加热的方法使水分或其他溶剂汽化，除去固体物料中湿分的操作，称为固体的干燥。工业上干燥有多种方法，其中，对流干燥在工业上应用最为广泛。本项目将主要介绍以空气为干燥介质、湿分为水分的对流干燥。

 查一查

从其他角度划分，干燥还有哪些种类？

任务实施：

1　知识准备

1.1　干燥器的结构及应用

在工业生产中，由于被干燥物料的形状和性质不同，生产规模或生产能力也相差较大，对干燥产品的要求也不尽相同，因此，采用的干燥器的形式也是多种多样的。图 6-1～图 6-6 所示为常见的几种干燥器，它们的构造、原理、性能特点及应用场合可见表 6-1。

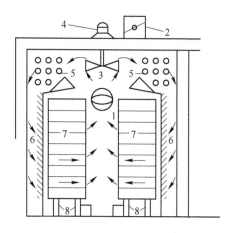

图 6-1 厢式干燥器

1—空气入口；2—空气出口；3—风扇；4—电动机；5—加热器；

6—挡板；7—盘架；8—移动轮

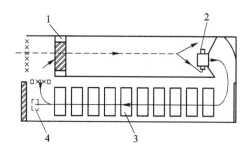

图 6-2 洞道式干燥器示意图

1—加热器；2—风扇；3—装料车；4—排气口

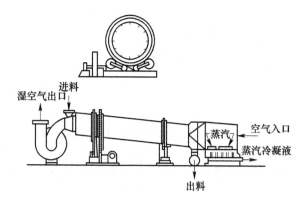

图 6-3 转筒式干燥器示意图

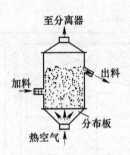

图 6-4　二段气流式干燥示意图

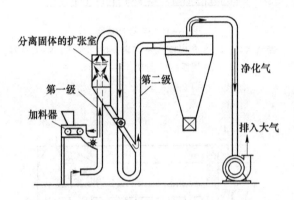

图 6-5　单层圆筒沸腾床干燥器

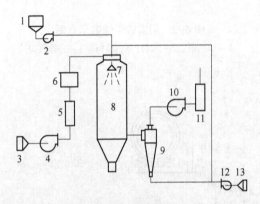

图 6-6　YPG-Ⅱ型压力式喷雾造粒干燥工艺流程图

1—高位槽；2—隔膜泵；3—空气过滤器；4—送风机；5—蒸气加热器；
6—电加热器；7—喷嘴；8—干燥塔；9—旋风分离器；10—引风机；
11—尾气过滤器；12—高压风机；13—空气过滤器

表 6-1　干燥器的性能特点及应用场合

类型	构造及原理	性能特点	应用场合
厢式干燥器	多层长方形浅盘叠置在框架上，湿物料在浅盘中，厚度通常为 $10\sim100mm$，一般浅盘的面积约为 $0.3\sim1m^2$。新鲜空气由风机抽入，经加热后沿挡板均匀地进入各层之间，平行流过湿物料表面，带走物料中的湿分	构造简单，设备投资少，适应性强，物料损失小，盘易清洗。但物料得不到分散，干燥时间长，热利用率低，产品质量不均匀，装卸物料的劳动强度大	多应用在小规模、多品种、干燥条件变动大、干燥时间长的场合，如实验室或中间试的干燥装置
洞道式干燥器	干燥器为一较长的通道，被干燥物料放置在小车内、运输带上、架子上或自由地堆置在运输设备上，沿通道向前移动，并一次通过通道。空气连续地在洞道内被加热并强制地流过物料	可进行连续或半连续操作；制造和操作都比较简单，能量的消耗也不大	适用于具有一定形状的比较大的物料，如皮革、木材、陶瓷等的干燥
转筒式干燥器	湿物料从干燥机一端投入后，在筒内抄板器的翻动下，物料在干燥器内均匀分布与分散，并与并流（逆流）的热空气充分接触。在干燥过程中，物料在带有倾斜度的抄板和热气流的作用下，可调控地运动至干燥机另一段星形卸料阀排出成品	生产能力大，操作稳定可靠，对不同物料的适应性强，操作弹性大，机械化程度较高。但设备笨重，一次性投资大；结构复杂，传动部分需经常维修，拆卸困难；物料在干燥器内停留时间长，且物料颗粒之间的停留时间差异较大	主要用于处理散粒状物料，亦可处理含水量很高的物料或膏糊状物料，也可以干燥溶液、悬浮液、胶体溶液等流动性物料
气流式干燥器	直立圆筒形的干燥管，其长度一般为 $10\sim20m$，热空气（或烟道气）进入干燥管底部，将加料器连续送入的湿物料吹散，并悬浮在其中。一般物料在干燥管中的停留时间约为 $0.5\sim3s$，干燥后的物料随气流进入旋风分离器，产品由下部收集	干燥速率大，接触时间短，热效率高；操作稳定，成品质量稳定；结构相对简单，易于维修，成本费用低。但对除尘设备要求严格，系统流动阻力大，对厂房要求有一定的高度	适宜于干燥热敏性物料或临界含水量低的细粒或粉末物料
流化床干燥器	湿物料由床层的一侧加入，由另一侧导出。热气流由下方通过多孔分布板均匀地吹入床层，与固体颗粒充分接触后，由顶部导出，经旋风器回收其中夹带的粉尘后排出。颗粒在热气流中上下翻动，彼此碰撞和混合，气、固间进行传热、传质，以达到干燥目的	传热、传质速率高，设备简单，成本费用低，操作控制容易，但操作控制要求高。而且由于颗粒在床中高度混合，可能引起物料的反混和短路，从而造成物料干燥不充分	适用于处理粉粒状物料，而且粒径最好在 $30\sim60\mu m$ 范围

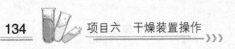
续表 6-1

类型	构造及原理	性能特点	应用场合
喷雾干燥器	热空气与喷雾液滴都由干燥器顶部加入，气流作螺旋形流动旋转下降，液滴在接触干燥室内壁前已完成干燥过程，大颗粒收集到干燥器底部后排出，细粉随气体进入旋风器分出。废气在排空前经湿法洗涤塔（或其他除尘器）以提高回收率，并防止污染	干燥过程极快，可直接获得干燥产品，因而可省去蒸发、结晶、过滤、粉碎等工序；能得到速溶的粉末或空心细颗粒；易于连续化、自动化操作。但热效率低，设备占地面积大，设备成本费高，粉尘回收麻烦	适用于士林蓝及士林黄染料等

 知识窗

固体物料的去湿方法

除去固体物料中湿分的方法称为去湿。去湿的方法很多，常用的有：

（1）机械分离法。即通过压榨、过滤和离心分离等方法去湿。这是一种耗能较少、较为经济的去湿方法，但湿分的除去不完全，多用于处理含液量大的物料，适于初步去湿。

（2）吸附脱水法。即用固体吸附剂，如氯化钙、硅胶等吸去物料中所含的水分。这种方法去除的水分量很少，且成本较高。

（3）干燥法。即利用热能，使湿物料中的湿分气化而去湿的方法。按照热能供给湿物料的方式，干燥法可分为：

1）传导干燥。热能通过传热壁面以传导方式传给物料，产生的湿分蒸汽被气相（又称干燥介质）带走，或用真空泵排走。例如纸制品可以铺在热滚筒上进行干燥。

2）对流干燥。使干燥介质直接与湿物料接触，热能以对流方式加入物料，产生的蒸汽被干燥介质带走。

3）辐射干燥。由辐射器产生的辐射能以电磁波形式达到物体的表面，为物料吸收而重新变为热能，从而使湿分气化。例如用红外线干燥法将自行车表面油漆烘干。

4）介电加热干燥。将需要干燥电解质物料置于高频电场中，电能在潮湿的电介质中变为热能，可以使液体很快升温气化。这种加热过程发生在物料内部，故干燥速率较快，例如微波干燥食品。

干燥法耗能较大，工业上往往将机械分离法与干燥法联合起来除湿，即先用机械方法尽可能除去湿物料中的大部分湿分，然后再利用干燥方法继续除湿。

1.2 干燥的基础知识

1.2.1 对流干燥的方法

典型的对流干燥工艺流程如图 6-7 所示，空气经加热后进入干燥器，气流与湿物料直接接触，空气沿流动方向温度降低，湿含量增加，废气自干燥器另一端排出。

对流干燥过程中，物料表面温度 θ_i 低于气相主体温度 t，因此热量以对流方式从气相传递到固体表面，再由表面向内部传递，这是个传热过程；固体表面水气分压 P_i 高于气相主体中水气分压，因此水气由固体表面向气相扩散，这是一个传质过程。可见对流干燥过程是传质和传热同时进行的过程，如图 6-8 所示。

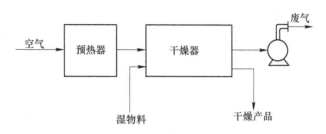

图 6-7　对流干燥流程示意图

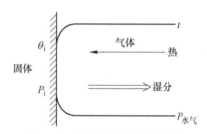

图 6-8　干燥过程的传质和传热

显然，干燥过程中压差（$P-P_i$）越大，温差（$t-\theta_i$）越高，干燥过程进行得越快，干燥介质及时将汽化的水气带走，以维持一定的扩散推动力。

1.2.2　空气的性质

1.2.2.1　湿度 H

湿度 H 是湿空气中所含水蒸气的质量与绝干空气质量之比。

（1）定义式：

$$H = \frac{M_v n_v}{M_a n_a} = \frac{18 n_v}{29 n_a} = 0.622 \frac{n_v}{n_a}, \quad \text{kg/kg 干空气} \tag{6-1}$$

式中　M_a——干空气的摩尔质量，kg/kmol；

$\quad\quad M_v$——水蒸气的摩尔质量，kg/kmol；

$\quad\quad n_a$——湿空气中干空气的千摩数，kmol；

$\quad\quad n_v$——湿空气中水蒸气的千摩尔数，kmol。

（2）以分压比表示：

$$H = 0.622 \frac{p_v}{p - p_v} \tag{6-2}$$

式中　p_v——水蒸气分压，N/m²；

$\quad\quad p$——湿空气总压，N/m²。

（3）饱和湿度 H_s：

若湿空气中水蒸气分压恰好等于该温度下水的饱和蒸汽压 P_s，此时的湿度为在该温度下空气的最大湿度，称为饱和湿度，以 H_s 表示。

$$H_s = 0.622 \frac{p_s}{P - p_s} \quad (6-3)$$

式中 p_s——同温度下水的饱和蒸汽压，N/m^2。

由于水的饱和蒸汽压只与温度有关，故饱和湿度是湿空气总压和温度的函数。

1.2.2.2 相对湿度 φ

当总压一定时，湿空气中水蒸气分压 p_v 与一定总压下空气中水气分压可能达到的最大值之比的百分数称为相对湿度。

（1）定义式：

$$\varphi = \frac{p_k}{p_s} \times 100\% \quad (P_s \leqslant P) \quad (6-4a)$$

$$\varphi = \frac{p_v}{P} \times 100\% \quad (p_s > P) \quad (6-4b)$$

（2）意义：相对湿度表明了湿空气的不饱和程度，反映湿空气吸收水汽的能力。

$\varphi = 1$（或 100%），表示空气已被水蒸气饱和，不能再吸收水气，已无干燥能力。φ 越小，即 p_v 与 p_s 差距越大，表示湿空气偏离饱和程度越远，干燥能力越大。

（3）H、φ、t 之间的函数关系：

$$H = 0.622 \frac{\varphi p_s}{P - \varphi P_s} \quad (6-5)$$

可见，对水蒸气分压相同，而温度不同的湿空气，若温度越高，则 p_s 值越大，φ 值越小，干燥能力越大。

以上介绍的是表示湿空气中水分含量的两个性质，下面介绍与热量衡算有关的性质。

1.2.2.3 湿比热 C_H

定义：将 1kg 干空气和其所带的 H 水蒸气的温度升高 1℃所需的热量。简称湿热。

$$C_H = C_a + C_v H = 1.01 + 1.88H \text{kJ}/(\text{kg 干空气} \cdot ℃) \quad (6-6)$$

式中 C_a——干空气比热，其值约为 1.01kJ/（kg 干空气·℃）；

C_v——水蒸气比热，其值约为 1.88kJ/（kg 干空气·℃）。

1.2.2.4 湿空气比容 v_H

定义：每单位质量绝干空气中所具有的空气和水蒸气的总体积。

$$v_H = v_g + v_w H = (0.773 + 1.244H) \frac{273 + t}{273} \times \frac{101.3 \times 10^2}{P} \text{m}^3/\text{kg 干气} \quad (6-8)$$

由式（6-8）可见，湿比容随其温度和湿度的增加而增大。

1.2.2.5 露点 t_d

（1）定义：一定压力下，将不饱和空气等湿降温至饱和，出现第一滴露珠时的温度。

$$H = 0.622 \frac{P_d}{P - p_d} \quad (6-9)$$

式中 p_d——露点 t_d 时的饱和蒸汽压，也就是空气在初始状态下的水蒸气分压 p_v。

（2）计算 t_d：

$$p_d = \frac{HP}{0.622 + H} \tag{6-9a}$$

计算得到 p_d，查其相应的饱和温度，即为该湿含量 H 和总压 P 时的露点 t_d。

（3）同样地，由露点 t_d 和总压 P 可确定湿含量 H：

$$H = 0.622 \frac{p_d}{P - p_d} \tag{6-9b}$$

1.2.2.6 干球温度 t、湿球温度 t_w

（1）干球温度 t。在空气流中放置一支普通温度计，所测得空气的温度为 t，相对于湿球温度而言，此温度称为空气的干球温度。

（2）湿球温度 t_w。如图 6-9 所示，用水润湿纱布包裹普通温度计的感温球，即成为一湿球温度计。将它置于一定温度和湿度的流动的空气中，达到稳态时所测得的温度称为空气的湿球温度，以 t_w 表示。

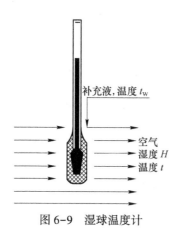

图 6-9 湿球温度计

当不饱和空气流过湿球表面时，由于湿纱布表面的饱和蒸汽压大于空气中的水蒸气分压，在湿纱布表面和气体之间存在着湿度差，这一湿度差使湿纱布表面的水分汽化被气流带走。水分汽化所需潜热首先取自湿纱布中水分的显热，使其表面降温，于是在湿纱布表面与气流之间又形成了温度差，这一温度差将引起空气向湿纱布传递热量。

当单位时间由空气向湿纱布传递的热量恰好等于单位时间自湿纱布表面汽化水分所需的热量时，湿纱布表面就达到稳态温度，即湿球温度。经推导得：

$$t_w = t - \frac{k_H r_W}{\alpha}(H_w - H) \tag{6-10}$$

式中 H_w——湿空气在温度 t_w 下的饱和湿度，kg 水/kg 干气；

　　H——空气的湿度，kg 水/kg 干气。

实验表明：当流速足够大时，热、质传递均以对流为主，且 k_H 及 α 都与空气速度的 0.8 次幂成正比，一般在气速为 $3.8 \sim 10.2 \text{m/s}$ 的范围内，比值 α/k_H 近似为一常数（对水蒸气与空气的系统，$\alpha/k_H = 0.96 \sim 1.005$）。此时，湿球温度 t_w 为湿空气温度 t 和湿度 H 的函数。

注意：（1）湿球温度不是状态函数；（2）在测量湿球温度时，空气速度一般需大于5m/s，使对流传热起主要作用，相应减少热辐射和传导的影响，使测量较为精确。

1.2.2.7　绝热饱和温度 t_{as}

定义：绝热饱和过程中，气、液两相最终达到的平衡温度称为绝热饱和温度。

图6-10所示为不饱和空气在与外界绝热的条件下和大量的水接触，若时间足够长，传热、传质趋于平衡，则最终空气被水蒸气饱和，空气与水温度相等，即为该空气的绝热饱和温度。

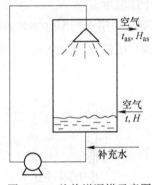

图6-10　绝热增湿塔示意图

此时气体的湿度为 t_{as} 下的饱和湿度 H_{as}。以单位质量的干空气为基准，在稳态下对全塔作热量衡算：

$$C_H(t - t_{as}) = (H_{as} - H)r_{as}$$

或
$$t_{as} = t - \frac{r_{as}}{C_H}(H_{as} - H) \tag{6-11}$$

式（6-11）表明，空气的绝热饱和温度 t_{as} 是空气湿度 H 和温度 t 的函数，是湿空气的状态参数，也是湿空气的性质。当 t、t_{as} 已知时，可用式（6-11）确定空气的湿度 H。

在绝热条件下，空气放出的显热全部变为水分汽化的潜热返回气体中，对于1kg空气来说，水分汽化的量等于其湿度差（H_m-H），由于这些水分汽化时，除潜热外，还将温度为 t_{as} 的显热也带至气体中，所以，绝热饱和过程终了时，气体的焓比原来增加了 $4.187t_{as}$（$H_{as}-H$）。但此值和气体的焓相比很小，可忽略不计，故绝热饱和过程又可当作等焓过程处理。

对于空气和水的系统，湿球温度可视为等于绝热饱和温度。因为在绝热条件下，用湿空气干燥湿物料的过程中，气体温度的变化是趋向于绝热饱和温度 t_{as} 的。如果湿物料足够润湿，则其表面温度也就是湿空气的绝热饱和温度 t_{as}，亦即湿球温度 t_w，而湿球温度是很容易测定的，因此湿空气在等焓过程中的其他参数的确定就比较容易了。

比较干球温度 t、湿球温度 t_w、绝热饱和温度 t_{as} 及露点 t_d 可以得出：

不饱和湿空气：　　　　　　　　$t > t_w$（t_{as}）$> t_d$

饱和湿空气：　　　　　　　　　$t = t_w$（t_{as}）$= t_d$

1.2.3　物料中所含水分的性质

1.2.3.1　结合水分与非结合水分

根据物料与水分结合力的状况，可将物料中所含水分分为结合水分与非结合水分。

（1）结合水分。包括物料细胞壁内的水分、物料内毛细管中的水分以及以结晶水的形态存在于固体物料之中的水分等。这种水分是借化学力或物理化学力与物料相结合的，由于结合力强，其蒸汽压低于同温度下纯水的饱和蒸汽压，致使干燥过程的传质推动力降低，故除去结合水分较困难。

（2）非结合水分。包括机械地附着于固体表面的水分，如物料表面的吸附水分、较大孔隙中的水分等。物料中非结合水分与物料的结合力弱，其蒸汽压与同温度下纯水的饱和蒸汽压相同，因此，干燥过程中除去非结合水分较容易。

用实验方法直接测定某物料的结合水分与非结合水分较困难，但根据其特点，可利用平衡关系外推得到。在一定温度下，由实验测定某物料的平衡曲线，将该平衡曲线延长与 $\varphi=100\%$ 的纵轴相交（图 6-11），交点以下的水分为该物料的结合水分，因为其蒸汽压低于同温下纯水的饱和蒸汽压；交点以上的水分为非结合水分。

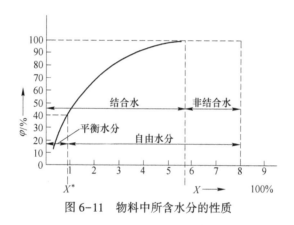

图 6-11　物料中所含水分的性质

物料所含结合水分或非结合水分的量仅取决于物料本身的性质，而与干燥介质状况无关。

1.2.3.2　平衡水分与自由水分

根据物料在一定的干燥条件下，其中所含水分能否用干燥方法除去进行划分，可分为平衡水分与自由水分。

（1）平衡水分。物料中所含有的不因和空气接触时间的延长而改变的水分。这种恒定的含水量称为该物料在一定空气状态下的平衡水分，用 X^* 表示。

当一定温度 t、相对湿度 φ 的未饱和的湿空气流过某湿物料表面时，由于湿物料表面水的蒸气压大于空气中水蒸气分压，则湿物料的水分向空气中汽化，直到物料表面水的蒸气压与空气中水蒸气分压相等时为止。即物料中的水分与该空气中水蒸气达到平衡状态，此时物料所含水分即为该空气条件（t，φ）下物料的平衡水分。平衡水分随物料的种类及空气的状态（t，φ）不同而异，在同一 t 下的某些物料的平衡曲线，对于同一物料，当空气温度一定，改变其 φ 值，平衡水分也将改变。

（2）自由水分。物料中超过平衡水分的那一部分水分，称为该物料在一定空气状态下的自由水分。

若平衡水分用 X^* 表示，则自由水分为 $(X-X^*)$。

1.2.4　物料中含水量的表示方法

1.2.4.1　湿基含水量

湿物料中所含水分的质量分率称为湿物料的湿基含水量。

$$w = \frac{湿物料中的水分的质量}{湿物料总质量}，\text{kg/kg 湿料}$$

1.2.4.2　干基含水量

不含水分的物料通常称为绝对干料。湿物料中的水分的质量与绝对干料质量之比，称为湿物料的干基含水量。

$$X = \frac{湿物料中的水分的质量}{湿物料绝干物料的质量}，\text{kg/kg 干物料}$$

两者的关系

$$X = \frac{W}{1-W} \tag{6-12}$$

$$W = \frac{X}{1+X} \tag{6-13}$$

1.3　干燥计算

1.3.1　干燥过程的物料衡算

1.3.1.1　水分蒸发量

对如图 6-12 所示的连续干燥器作水分的物料衡算。以 1h 为基准，若不计干燥过程中物料损失量，则在干燥前后物料中绝对干料的质量不变，即

$$G_c = G_1(1-w_1) = G_2(1-w_2) \tag{6-14}$$

式中　　G_1——进干燥器的湿物料的质量，kg/h；

　　　　G_2——出干燥器的湿物料的质量，kg/h。

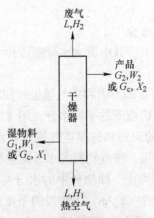

图 6-12　干燥器物料衡算

由式 (6-14) 可以得出 G_1、G_2 之间的关系：

$$G_1 = G_2 \frac{1 - w_2}{1 - w_1}; \quad G_2 = G_1 \frac{1 - w_1}{1 - w_2}$$

式中 w_1, w_2——干燥前后物料的湿基含水量，kg 水/kg 料；

干燥器的总物料衡算为：

$$G_1 = G_2 + W \tag{6-15}$$

则蒸发的水分量为：

$$W = G_1 - G_2 = G_1 \frac{w_1 - w_2}{1 - w_2} = G_2 \frac{w_1 - w_2}{1 - w_1}$$

式中 W——水分蒸发量，kg/h。

若以干基含水量表示，则水分蒸发量可用式（6-16）计算：

$$W = G_c(X_1 - X_2) \tag{6-16}$$

也可得出：

$$W = L(H_2 - H_1) = G_c(X_1 - X_2); \tag{6-17}$$

式中 L——干空气的质量流量，kg/h；

G_c——湿物料中绝干物料的质量，kg/h；

H_1, H_2——进、出干燥器的湿物料的湿度，kg 水/kg 干空气；

X_1, X_2——干燥前后物料的干基含水量，kg 水/kg 干物料。

1.3.1.2 干空气消耗量

由式（6-17）可得干空气的质量：

$$L = \frac{W}{H_2 - H_1} = \frac{G_c(X_1 - X_2)}{H_2 - H_1} \tag{6-18}$$

蒸发 1kg 水分所消耗的干空气量称为单位空气消耗量，其单位为 kg 绝干空气/kg 水分，用 L 表示，则

$$l = L/W = 1/(H_2 - H_1) \tag{6-19}$$

如果以 H_0 表示空气预热前的湿度，而空气经预热器后其湿度不变，故 $H_0 = H_1$，则有：

$$l = 1/(H_2 - H_0) \tag{6-19a}$$

由上可见，单位空气消耗量仅与 H_2、H_0 有关，与路径无关。

1.3.2 干燥过程的热量衡算

通过干燥系统的热量衡算可以求得：（1）预热器消耗的热量；（2）向干燥器补充的热量；（3）干燥过程消耗的总热量。这些内容可作为计算预热器传热面积、加热介质用量、干燥器尺寸以及干燥系统热效应等的依据。

1.3.2.1 热量衡算的基本方程

若忽略预热器的热损失，对图 6-13 预热器列焓衡算，得：

$$LI_0 + Q_p = LI_1$$

故单位时间内预热器消耗的热量为：

$$Q_p = L(I_1 - I_0) \tag{6-20}$$

再对图 6-13 的干燥器列焓衡算，得：

$$LI_1 + GI'_1 + Q_D = LI_2 + GI'_2 + Q_L$$

式中 Q_L——热损失，kg/s；

I_0，I_1，I_2——湿空气进、出预热器及出干燥器的焓，kJ/kg 干空气；

I'_1，I'_2——湿物料的焓，kJ/kg 干物料。

故单位时间内向干燥器补充的热量为：

$$Q_D = L(I_2 - I_1) + G(I'_2 - I'_1) + Q_L \qquad (6-21)$$

联立式（6-20）和式（6-21）得：

$$Q = Q_p + Q_D = L(I_2 - I_0) + G(I'_2 - I'_1) + Q_L \qquad (6-22)$$

式（6-20）~式（6-22）为连续干燥系统中热量衡算的基本方程式。

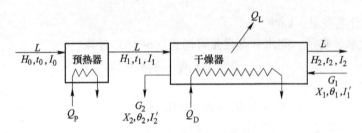

图 6-13　干燥器的热量衡算

1.3.2.2　空气通过干燥器时的状态变化

干燥过程既有热量传递又有质量传递，情况复杂，一般根据空气在干燥器内焓的变化，将干燥过程分为等焓过程与非等焓过程两大类。

（1）等焓干燥过程，又称绝热干燥过程，等焓干燥条件为：1）不向干燥器中补充热量；2）忽略干燥器的热损失；3）物料进出干燥器的焓值相等。

将上述假设代入式（6-25），得：

$$L(I_1 - I_0) = L(I_2 - I_0)$$

即

$$I_1 = I_2$$

上式说明空气通过干燥器时焓恒定，实际操作中很难实现这种等焓过程，故称为理想干燥过程，但它能简化干燥的计算，并能在 H-I 图上迅速确定空气离开干燥器时的状态参数。

（2）非等焓干燥器过程，又称为实际干燥过程。由于实际干燥过程不具备等焓干燥条件，则：

$$L(I_1 - I_0) \neq L(I_2 - I_0)$$
$$I_1 \neq I_2$$

非等焓过程中空气离开干燥器时的状态点可用计算法或图解法确定。

1.3.2.3　干燥系统的热效率

干燥过程中，蒸发水分所消耗的热量与从外热源获得的热量之比称为干燥器的热效率。即：

$$\eta = \frac{Q_{汽化}}{Q_r} \qquad (6-23)$$

式中，蒸发水分所需的热量 $Q_{汽化}$ 可用式（6-24）计算：

$$Q_{汽化} = W(2490 + 1.88t_2 - 4.187\theta_1) \qquad (6-24)$$

从外热源获得的热量：

$$Q_{\mathrm{T}} = Q_{\mathrm{p}} + Q_{\mathrm{D}}$$

如干燥器中空气所放出的热量全部用来汽化湿物料中的水分，即空气沿绝热冷却线变化，则：

$$Q_{汽化} = Lc_{\mathrm{H2}}(t_1 - t_2) \tag{6-25}$$

且干燥器中无补充热量，$Q_{\mathrm{D}} = 0$，则：

$$Q_{\mathrm{T}} = Q_{\mathrm{P}} = Lc_{\mathrm{H1}}(t_1 - t_0)$$

若忽略湿比热的变化，则干燥过程的热效率可表示为：

$$\eta = \frac{t_1 - t_2}{t_1 - t_0} \tag{6-26}$$

热效率越高表示热利用率越好，若空气离开干燥器的温度较低，而湿度较高，则干燥操作的热效率高，但空气湿度增加，使物料与空气间的推动力下降。

一般来说，对于吸水性物料的干燥，空气出口温度应高些，而湿度应低些，即相对湿度要低些。在实际干燥操作中，空气离开干燥器的温度 t_2 需比进入干燥器时的绝热饱和温度高 $20 \sim 50℃$，这样才能保证在干燥系统后面的设备内不致析出水滴，否则可能使干燥产品返潮，且易造成管路的堵塞和设备材料的腐蚀。

 活动建议

分析讨论：提高热效率有哪些方法？

1.4　干燥速率和干燥时间

1.4.1　干燥速率

干燥速率是指单位时间内在单位干燥面积上汽化的水分量 W，如用微分式表示则为：

$$U = \frac{\mathrm{d}W}{A\mathrm{d}\tau} \tag{6-27}$$

式中　U——干燥速率，$kg/(m^2 \cdot h)$；

　　　W——汽化水分量，kg；

　　　A——干燥面积，m^2；

　　　τ——干燥所需时间，h。

而　　　　　　　　　　　　$\mathrm{d}W = -G_{\mathrm{c}}\mathrm{d}X$

所以：

$$U = \frac{\mathrm{d}W}{A\mathrm{d}\tau} = -\frac{G_{\mathrm{c}}\mathrm{d}X}{A\mathrm{d}\tau} \tag{6-28}$$

式中　G_{c}——湿物料中绝对干料的量，kg；

　　　X——干基的含水量，kg 水/kg 干物料。

负号表示物料含水随着干燥时间的增加而减少。

1.4.2　干燥曲线与干燥速率曲线

干燥过程的计算内容包括确定干燥操作条件、干燥时间及干燥器尺寸，为此，须求出干燥过程的干燥速率。但由于干燥机理及过程皆很复杂，直至目前研究得尚不够充分，所以干燥速率的数据多取自实验测定值。为了简化影响因素，测定干燥速率的实验是在恒定条件下进行。如用大量的空气干燥少量的湿物料时可以认为接近于恒定干燥情况。

图 6-14 所示为干燥过程中物料含水量 X 与干燥时间 t 的关系曲线，此曲线称为干燥曲线。

图 6-15 所示为物料干燥 U 与物料含水量 X 关系曲线，称为干燥速率曲线。

由干燥速率曲线可以看出，干燥过程分为恒速干燥和降速干燥两个阶段。

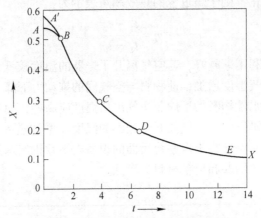

图 6-14　恒定干燥条件下的干燥曲线

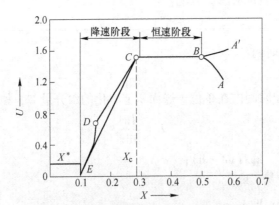

图 6-15　恒定干燥条件下的干燥速率曲线

1.4.2.1　恒速干燥阶段

恒速干燥阶段的干燥速率如图 6-15 中 BC 段所示。这一阶段中，物料表面充满着非结合水分，其性质与液态纯水相同。在恒定干燥条件下，物料的干燥速率保持恒定，其值不随物料含水量多少而变。

在恒定干燥阶段中，由于物料内部水分扩散速率大于表面水分汽化速率，空气传给物料的热量等于水分汽化所需的热量，物料表面的温度始终保持为空气的湿球温度，这阶段干燥速率的大小主要取决于空气的性质，而与湿物料的性质关系很小。

图 6-15 中 AB 段为物料预热段，此段所需时间很短，干燥计算中往往忽略不计。

1.4.2.2　降速干燥阶段

如图 6-15 所示，干燥速率曲线的转折点（C 点）称为临界点，该点的干燥速率 U_c 仍等于等速阶段的干燥速率，与该点对应的物料含水量称为临界 X_c。当物料的含水量降到临界含水量以下时，物料的干燥速率也逐渐降低。

图 6-15 中所示 CD 段为第一降速阶段，这是因为物料内部水分扩散到表面的速率已小于表面水分在湿球温度下的汽化速率，这时物料表面不能维持全面湿润而形成"干区"，由于实际汽化面积减小，从而以物料全部外表面积计算的干燥速率下降。

图 6-15 中 DE 段称为第二降速阶段，由于水分的汽化面随着干燥过程的进行逐渐向物料内部移动，从而使热、质传递途径加长，阻力增大，造成干燥速率下降。到达 E 点后，物料的含水量已降到平衡含水量 X^*（即平衡水分），再继续干燥也不可能降低物料的含水量。

降速干燥阶段的干燥速率主要取决于物料本身的结构、形状和大小等，而与空气的性质关系很小。这时空气传给湿物料的热量大于水分汽化所需的热量，故物料表面的温度不断上升，而最后接近于空气的温度。

 想一想

在工业实际生产中，物料是否要被干燥达到平衡含水量后才能出干燥器？物料干燥后的含水量指标应该怎样确定？

1.4.3　恒定干燥条件下干燥时间的计算

恒定干燥条件，即干燥介质的温度、湿度、流速及与物料的接触方式在整个干燥过程中均保持恒定。

在恒定干燥情况下，物料从最初含水量 X_1 干燥至最终含水量 X_2 所需的时间 t_1，可根据在相同情况下测定的如图 6-15 所示的干燥速率曲线和干燥速率表达式（6-28）求取。

1.4.3.1　恒速干燥阶段

设恒速干燥阶段的干燥速率为 U_c，根据干燥速率定义，有：

$$t_1 = \frac{G_c}{AU_c}(X_1 - X_2) \tag{6-29}$$

1.4.3.2　降速干燥阶段

在此阶段中，物料的干燥速率 U 随着物料中自由水分含量 $(X-X^*)$ 的变化而变化，可将从实验测得的干燥速率曲线表示成如下的函数形式：

$$t_2 = \frac{G_c}{A}\int_{X_2}^{X_c}\frac{dX}{U} \tag{6-30}$$

可用图解积分法（需具备干燥速率曲线）计算。当缺乏物料在降速阶段的干燥速率数据时，可用近似计算处理，这种近似计算的依据，是假定在降速阶段中干燥速率与物料中的自由水分含量 $(X-X^*)$ 成正比，即用临界点 C 与平衡水分点 E 所连结的直线 CE 代替降速干燥阶段的干燥速率曲线。

于是，降速干燥阶段所需的干燥时间 t_2 为：

$$t_2 = \frac{G_c}{AK_x}\ln\frac{X_c - X^*}{X_2 - X^*} \tag{6-31}$$

$$K_{\mathrm{x}} = \frac{U_{\mathrm{c}}}{X_{\mathrm{c}} - X^*}$$

任务二　装置操作

学习目标：

一、知识目标

（1）了解流化床干燥操作基本原理和基本工艺流程；了解流化床干燥器、旋风分离器、布袋除尘器、引风机等主要设备的结构特点、工作原理和性能参数；了解流量、压差、温度等工艺参数的测量原理和操作方法。

（2）能够根据工艺要求进行流化床干燥生产装置的间歇或连续操作；能够在操作进行中熟练调控仪表参数，保证生产维持在工艺条件下正常进行；能实现手动和自动无扰切换操作，着重训练并掌握 DCS 计算机远程控制系统。

（3）能根据异常现象分析判断故障类型、产生原因并排除。

二、技能目标

（1）能按照操作规程要求完成流化床干燥装置的开车操作。

（2）能完成本岗位交接班记录，完成穿戴个人防护用品。

（3）能按照操作规程要求完成流化床装置的停车操作。

任务实施：

1　知识准备

1.1　流化床干燥的基本原理

在流化床干燥装置中，散粒状的物料由加料机连续定量喂入流化干燥室，冷空气经换热器加热后进入流化床底部，热空气流经底部的均压布风板均匀分布，穿过床内的物料，使物料颗粒悬浮于气流中，物料得到高度分散呈流化状态，形成一定厚度的流化层，就像煮沸的开水，气泡不断地产生，浮出水面。呈流化状态的物料颗粒在流化床内均匀混合，并与气流充分接触，发生强烈的热质交换，湿物料迅速干燥脱水，由于物料流化的扩散作用，物料从流化床进料端均匀连续地流向出料端，最后干燥的物料由排料口排出，湿空气由流化床顶部排出。

标准的基本型流化床设备由均压箱、流化段、扩大段三部分组成。经过换热器加热后的热气流在穿过产品并使之均匀流化的同时，与床内的湿物料进行热质交换并且蒸发溶剂，被夹带的颗粒在扩大段与气流分离，重新沉降到流化段，尾气进入旋风分离器进行净化，干燥后的成品由排料口排出流化床。该装置的特点是：

（1）物料颗粒在热气流的湍流喷射状态下处于悬浮状态，得到充分混合和高度分散，颗粒的所有表面都参与热质交换，气固相间传热传质系数及表面积均较大。

（2）由于气固相激烈的混合和分散以及两者间快速高效地给热，使物料床层温度均匀且很容易调节，保证了物料干燥的均匀性。

（3）物料在床层内停留时间一般在数分钟至数小时之间，可任意调节，故对难干燥或干燥产品含水率要求低的物料特别适合。

（4）利用高热效率干燥可避免局部原料过热，因而对热敏性产品适应性强，尽管颗粒剧烈运动，但是产品处理仍比较温和，无任何明显的磨损。

（5）流化床适应于平均粒度在 $50 \sim 5000 \mu m$ 的粉状、粒状、块状的物料，但不适合于易黏结或结块的物料干燥。加工轻质的细粉和细长形状的物料时可能要依靠振动使之能很好地流化干燥。结构简单、操作方便、可动部分少、维修费用较低等。

1.2　流化床干燥实训装置的工艺流程、主要设备及仪表控制

（1）流化床干燥实训装置工艺流程图如图 6-16 所示。

（2）流化床干燥实训装置主要设备技术参数见表 6-2。

表 6-2　流化床干燥实训装置主要设备技术参数

序号	代码	设备名称	主要技术参数	备注
1	V101	进料槽		锥形
2	V102	出料袋	布袋	
3	E101	空气电加热器		
4	R102	流化床干燥器	500mm×120mm×225mm	
5	R103	旋风分离器	$\varphi 200mm$，高 1000mm	
6	R104	布袋除尘器	520mm×300mm×1500mm	
7	P101	星型进料器	90ZYT52，125W，1500r/min	
8	P103	引风机	9-19-4A（3kW）	

流化床干燥器（图 6-17）是将粉粒状流动性物料放在多孔板等气流分布板上，由其下部送入具有相当速度的干燥介质。当介质流速较低时，气体由物料颗粒间流过，整个物料层不动；逐渐增大气流速度，料层开始膨胀，颗粒间间隙增大；再增大气流速度，相当部分物料呈悬浮状，形成气-固混合床，即流化床，因流化床中悬浮的物料很像沸腾的液体，故又称沸腾床，而且它在许多方面呈现流体的性质，例如，有明显的上界面，并保持水平；若再增大气流流速，颗粒几乎全部被气流带走，就变为气体输送了。因此，气流速度是流化床干燥机最根本的控制因素，适宜的气流速度应介于使料层开始呈流态化和将物料带出之间。

图例

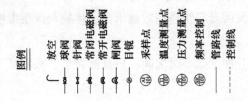

放空阀　球阀　针阀　常闭电磁阀　常开电磁阀　闸阀　目镜　采样点　温度测量点　压力测量点　频率控制　管路线　控制线

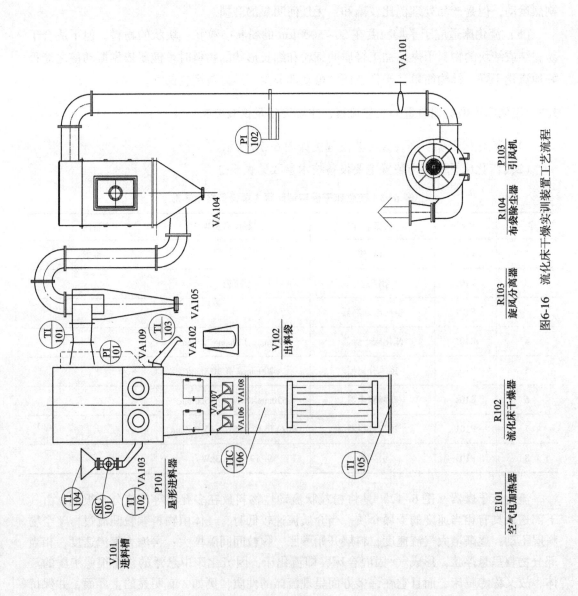

图6-16　流化床干燥实训装置工艺流程

VA101

PI102

P103 引风机

R104 布袋除尘器

R103 旋风分离器

VA104

VA105

VA102　VA109

TI101　TI103

PI101

V102 出料袋

R102 流化床干燥器

VA107　VA108
VA106

TIC106

TI105

TI104

SIC101

TI102　VA103

P101 星形进料器

E101 空气电加热器

V101 进料槽

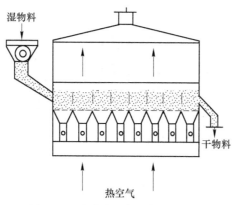

图6-17　流化床干燥器结构示意图

旋风分离器（图6-18）设备的主要功能是尽可能除去输送介质气体中携带的固体颗粒杂质和液滴，达到气固液分离，以保证管道及设备的正常运行。

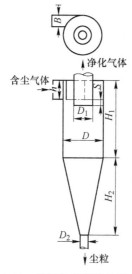

图6-18　旋风分离器结构示意图

净化气通过设备入口进入设备内旋风分离区，当含杂质气体沿轴向进入旋风分离管后，气流受导向叶片的导流作用而产生强烈旋转，气流沿筒体呈螺旋形向下进入旋风筒体，密度大的液滴和尘粒在离心力作用下被甩向器壁，并在重力作用下，沿筒壁下落流出旋风管排尘口至设备底部储液区，从设备底部的出液口流出。旋转的气流在筒体内收缩向中心流动，向上形成二次涡流经导气管流至净化天然气室，再经设备顶部出口流出。

布袋除尘器（图6-19）是一种干式除尘装置，也称过滤式除尘器（袋式除尘器），它是利用纤维编织物制作的袋式过滤元件来捕集含尘气体中固体颗粒物的除尘装置，其作用原理是尘粉在通过滤布纤维时因惯性作用与纤维接触而被拦截，滤袋上收集的粉尘定期通过清灰装置清除并落入灰斗，再通过出灰系统排出。

星形进料器（图6-20）的工作原理是电机通过减速器直接带动主轴和叶轮旋转，或者通过链轮链条带动主轴和叶轮旋转，物料从上部料仓通过圆形或方形进料口进入叶轮槽

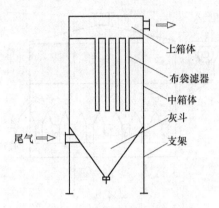

图 6-19　布袋除尘器结构示意图

内，旋转的叶轮把物料带到出料口喂送出去。

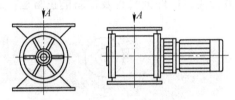

图 6-20　星形进料器结构示意图

笛形管流量计如图 6-21 所示。其通过压力传感器测得管路中央和管壁处压差，然后算出管路中流体流量。

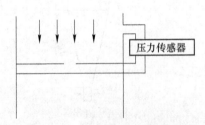

图 6-21　笛形管流量计示意图

1.3　流化床干燥实训装置主要阀门

流化床干燥实训装置主要阀门名称及作用见表 6-3。

表 6-3　流化床干燥实训装置主要阀门名称及作用

序号	代码	阀门名称及作用	技术参数	备注
1	VA101	空气流量调节阀	蝶阀	
2	VA102	出料挡板		
3	VA103	进料闸板阀	60mm×50mm	
4	VA104	布袋除尘器放料阀	φ50mm 蝶阀	
5	VA105	旋风分离器放料阀		

续表6-3

序号	代码	阀门名称及作用	技术参数	备注
6	VA106			
7	VA107	流化床层空气分布阀	蝶阀	
8	VA108			
9	VA109	出料闸板阀	120mm×70mm	

1.4 流化床干燥实训装置流程简述

（1）物料流向。来自进料槽V101的湿物料经过闸板阀VA103，通过星形进料器P101控制一定流量进入流化床干燥器R102，被从下到上流过的热空气干燥，通过空气流化流动到出料口处，经过阀门VA109滑落进布袋V102。

（2）空气流向。给空气提供动力的是引风机P103。冷空气被引入空气电加热器E101加热；之后热空气进入流化床底部，通过阀门VA106、VA107、VA108调节局部空气流量，进入流化床干燥器R102底部的均压布风板均匀分布，穿过床内的物料，使物料颗粒悬浮于气流中，物料得到高度分散，形成流化状态，形成一定厚度的流化层，然后到达扩大分离段。在扩大分离段内风速减小，物料颗粒沉降回干燥器内；空气由扩大段出来后进入旋风分离器R103除尘；最后进入布袋除尘器R104进行深度除尘。最后空气通过笛形管压差计测量空气流量，经阀门VA101引入引风机P103入口后由风机出口排出。

1.5 流化床干燥实训装置控制仪表

流化床干燥实训装置控制仪表面板如图6-22所示。

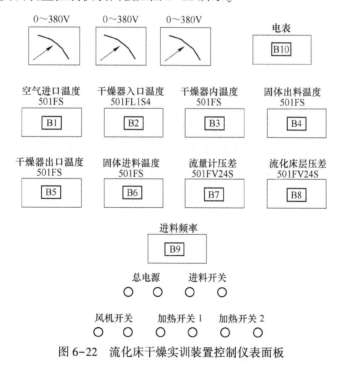

图6-22 流化床干燥实训装置控制仪表面板

1.6 流化床干燥实训装置仪表控制参数

流化床干燥实训装置仪表控制参数见表6-4。

表6-4　流化床干燥实训装置仪表控制参数

序号	表号	测量参数	仪表位号	参数	显示仪表	执行机构
1	B1	空气进口温度	TI105	热电阻 0~100℃	AI501FS	
2	B2	干燥器入口空气温度	TIC106	热电阻 0~100℃	AI501FL1S4	电加热器
3	B3	干燥器内温度	TI102	热电阻 0~100℃	AI501FS	
4	B4	固体出料温度	TI103	热电阻 0~100℃	AI501FS	
5	B5	干燥器出口温度	TI101	热电阻 0~100℃	AI501FS	
6	B6	固体进料温度	TI104	热电阻 0~100℃	AI501FS	
7	B7	流量计压差	PI102	压差传感器 0~20kPa	AI501FS	
8	B8	流化床层压差	PI101	压差传感器 0~20kPa	AI501FV24S	
9	B9	星型进料器频率	SIC101	0~100Hz	AI501FV24S	进料电机
10	B10	电表				

从图6-23可以看出干燥器进口温度先通过501F表设定，经过加热棒对空气加热，如果达到设定值，那么501F表会自动关闭空气加热器的加热开关；反之，如果低于设定值，在回差温度范围以外就会开启加热开关。

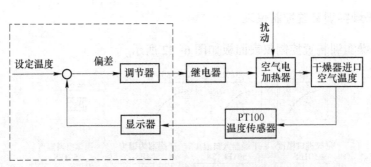

图6-23　流化床内温度控制的过程框图

干燥器进口温度是通过仪表TIC106控制的，显示温度的仪表是501F型单显表（图6-24），温度的控制范围可以设定在30~60℃，具体仪表控制操作如下：

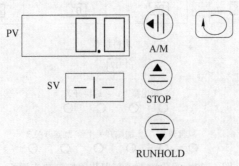

图6-24　AI501F单显表示意图

仪表上的 PV 代表的是实测的值，SV 代表仪表当前显示数值的单位。按住 Ⓐ 键不放，3~4 秒以后就会进入到仪表的参数设定界面，首先看到的是 PV 界面，显示的是 HIAL，是上限报警参数调节，例如要控制温度到 50℃，那就把 SV 界面的数值改为 50，再一直按 Ⓐ 键可退出参数界面，设定完成。

1.7 实训内容及操作规程

1.7.1 工艺文件准备训练

（1）能识记流化床干燥过程工艺文件。

（2）能识读流化床干燥岗位工艺流程图、实训装置示意图、实训设备平面和立面布置图，能绘制工艺流程配管简图。

（3）能识读仪表联锁图。

（4）熟悉流化床干燥实训过程操作规程。

1.7.2 开车前的动、静设备检查训练

检查流化床干燥、星型加料器、旋风分离器、布带过滤器、离心式风机、仪表等是否完好，检查阀门、测量点、分析取样点是否灵活好用。

1.7.3 检查原料、水电气等公用工程供应情况的训练

检查设备上电情况，设备采用五线三相电接法，设备功率较大，检查电线及相关电器是否安全适用，检查进料器管道、干燥器内及出料管道中是否有上次实验的残留物料，检查旋风分离器及布袋除尘器中是否有上次实验残留粉尘，如果有，清洁干净，空气来源为大气，检查干燥物料是否合格够用。

1.7.4 制定开车步骤、编号岗位操作规程、制定操作记录表格的训练

操作记录表

时间	操作	TI105/℃	TIC106/℃	TI102/℃	T103/℃	TI101/℃	TI104/℃	PI101/kPa	PI102/kPa	设备运行情况

1.7.5 流化床开、停车操作技能训练

设备、原料、水电气等检查完毕后，给设备上电，开启面板上总电源开关，检查面板

上仪表显示情况，然后采用先开风机后开加热器的顺序操作，实验结束后采用先关加热器后关风机的顺序。

1.7.6 离心风机开停车和流量调节操作技能训练

总电源开启后，打开风机 P103 电源开关，检查风机正反转。通过调节阀门 VA101 开度，调节设备内空气总流量。打开流化床干燥器下挡板，调节 3 个阀门 VA106、VA107、VA108，可调节流化床内空气流量，控制物料流化状态。

实验结束，关闭风机电源开关。

1.7.7 星形加料器加料速度的调节操作技能训练

将称量好的干燥物料（小米）装入星型加料器 V101，将阀门 VA103 开到合适位置（不要开得太大），启动进料泵 P101 频率开关，将其频率设为 20Hz 左右。从流化床干燥器上玻璃视窗观察进料情况，进料速度大则将阀门 VA103 关小。

1.7.8 流化床干燥器内温度控制技能训练

流化床内温度控制可由空气加热器控制。空气在空气加热器 E101 内被加热棒加热，加热棒直接对空气加热，所以必须在风机开启、空气加热器内空气流动状态下进行加热。流化床内温度控制是通过控制空气加热器出口温度来实现。

在面板仪表温度表 TIC106 上设定温度上限为 50℃，则干燥器进口温度最高为 50℃，超过温度时，加热器开关自动关闭，停止加热；温度低于 50℃时，继续加热。加热器关闭，停止加热后加热棒上余热可能导致温度继续上升。

实验结束时，关闭加热器电源开关，待到干燥器内温度低于 40℃，关闭风机。

1.7.9 旋风分离器、布袋过滤器卸料岗位操作技能训练

实验结束时，风机关闭后，将阀门 VA105、VA104 打开，将旋风分离器 R103、布袋除尘器 R104 中实验过程空气携带的废物料排出收集起来，关闭阀门 VA105、VA104。

1.7.10 流化床干燥产品卸料岗位操作技能训练

设备工作过程中，干燥物料在流化床干燥器 R102 内呈流化状态，将阀门 VA102 稍稍打开一点，部分产品经出料口流出。打开阀门 VA109，产品落入出料袋，剩余大部分物料停留在干燥器内。实验结束后，打开玻璃视窗，将物料扫入出料袋。

1.7.11 流化床干燥器湿物料含水量测定操作技能训练

干燥的物料，不论干燥前后，都含有一定量的水。可对含水量进行测定。

1.7.12 流化床干燥岗位化工仪表操作技能训练

差压变送器：测压差所用，掌握压差变送器高压端低压端正确连接。

对热电阻温度计进行了解。

本实训装置所用到的仪表有数字单显表，为 AI501 单显数字表，只显示数字，没有控制功能，不需要操作，只需读取所显示数据即可。功率、压差、温度等都采用单显表。

1.7.13 流化床干燥连续操作技能训练

（1）检查。

（2）检查完毕，开启面板上总电源，给设备上电。

（3）开启风机，调节空气流量到最大，记录时间。

（4）空气流向上阀门全部开启后，在面板 B2 表上设定温度。开启加热开关，记录时间、设备操作状态。

（5）将称量好的物料（小米）装入进料槽，可分次加料。取原料样，放入密闭培养皿，标注样品序号。

（6）待温度达到设定值后，打开加料闸板阀到合适位置，打开进料电机开关，设定进料频率，开始进料，记录时间、设备操作状态。

（7）待干燥器内有一定量物料时，透过观察窗口查看物料流化状态。打开出料闸板阀，注意不要开得太大，开始出料，取样，记录时间、设备操作状态，标注样品序号。

（8）每隔 10 分钟取样一次，记录时间、设备操作状态，标注样品序号。

（9）进料完毕时，记录时间、设备操作状态。将进料频率调至 0，关闭进料电机开关。关闭进料闸板阀。

（10）当出料速度很小时可停止出料；记录时间；关闭加热开关，停止加热；记录时间、设备操作状态。

（11）待到干燥器内温度低于 40℃时，关闭风机。

（12）将干燥器内残存物料扫入出料袋，称重；将旋风分离器、布袋除尘器中得到的粉尘放出，收集、称重。

（13）把取出的样品按照序号顺序分别称量一定量，放入烘箱烘干，再次称量，得到失水量。

1.8　流化床干燥岗位计算机远程控制（DCS 控制系统）操作技能训练

（1）将实训设备上阀门调到所需位置，打开"总电源"按钮。

（2）启动计算机，进入 Windows 后，双击桌面文件"流化床干燥实训"图标，进入"流化床干燥实训计算机控制程序"（图 6-25），点击界面，进入主程序。

（3）进入主程序后，进行相关操作，图 6-26 中，红绿方块为开关，绿色框内为调整数值输入框，点击后如图 6-27 所示，输入所需的数值后按"确定"键，输入数值被写入。点击"温度曲线"进行查看温度曲线（图 6-28），点击"压力曲线"查看压力曲线（图 6-29、图 6-30）。

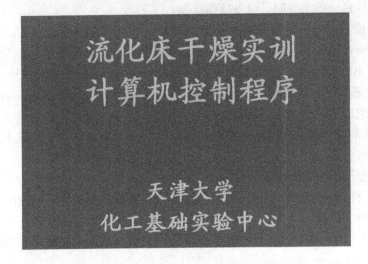

图 6-25　界面图

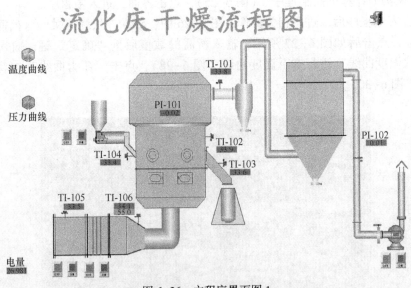

图 6-26　主程序界面图 1

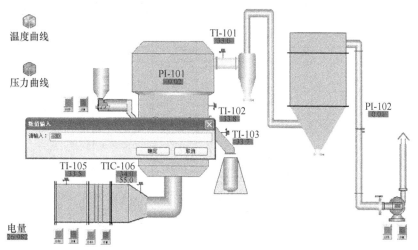

图 6-27　主程序界面图 2

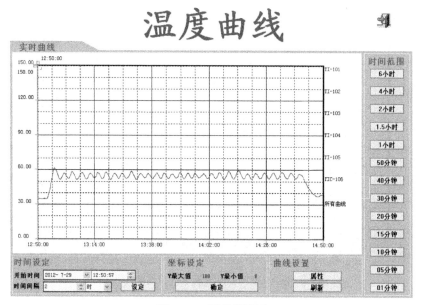

图 6-28　温度曲线图

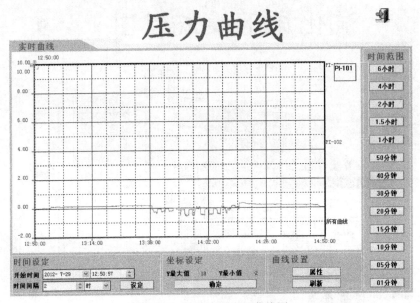

图 6-29　流化床层压差曲线图

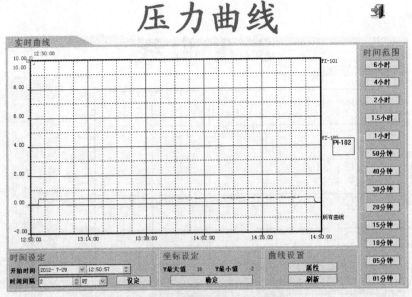

图 6-30　空气流量压差曲线图

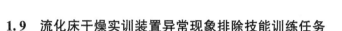

1.9 流化床干燥实训装置异常现象排除技能训练任务

通过远程遥控可以模拟制造各种故障和异常现象,以此来训练学生分析问题和解决问题的能力。异常现象处理见表6-5,遥控器制造故障见表6-6。

表6-5 异常现象及处理

序号	故障现象	产生原因分析	处理思路	解决办法
1	干燥器内物料不能流化	空气输送管路阀门关闭,或阀门开度减小;引风机关闭	增大空气流量	打开空气输送管路阀门,打开引风机开关
2	没有物料进入干燥器	进料槽内无物料,进料闸板阀开度太小;进料电机关闭,进料频率变小	查看进料槽内是否还有物料,闸板阀开度,进料频率是否改变;进料电机是否正常操作	调整进料闸板阀开度,打开进料电机开关,调整进料频率
3	出料袋内没有物料进入	出料闸板阀开度太小;干燥器内空气流量太小,物料未被流化	查看出料闸板阀开度;查看干燥器内物料流化状态	开大出料闸板阀开度,增大空气流量
4	干燥期内温度降低	加热器未工作,温度设定变低	查看加热开关是否打开,查看温度设定值	打开加热开关,重新设定温度
5	设备全部停电	实验室停电,实验室总电源关闭	找电工或老师解决	

表6-6 遥控器制造故障表

遥控器按键名称	事故制造内容
A	关风机
B	关加热开关
C	开风机
D	开进料泵
E	停总电源
F	关进料泵

1.10 注意事项

(1)流化床干燥过程中利用热空气做热源,设备带有一定温度,谨防烫伤。

(2)开车时要先开风机后开加热,停车时要先关加热后关风机。

(3)准确如实记录数据及设备工作状态。

1.11 技能考核内容

(1)控制干燥器内温度为60℃。

(2)在温度为60℃时进行间歇性操作。

（3）在温度为60℃时进行连续性操作。

（4）在空气流量为0.35kPa时进行间歇性操作。

（5）在空气流量为0.35kPa时进行连续性操作。

（6）得到含水量≤5%的物料。

干燥实际操作数据记录见表6-7，样品分析数据见表6-8。

表6-7　干燥实际操作数据记录

时间	操作	TI105 /℃	TIC106 /℃	TI102 /℃	T103 /℃	TI101 /℃	TI104 /℃	PI101 /kPa	PI102 /kPa	设备运行情况
12：56	检查阀门，开总电源，开风机、加热		设定温度为55℃							正常
13：37	开始进料，进料频率为30，进料槽内初始物料量2500g	34.6	56.5	51.3	34.6	53.2	36.6	0.16	0.40	正常
13：47	开始出料，取样	34.7	53.4	51.4	34.7	53.7	35.4	−0.03	0.39	正常
13：57	取样	35.2	55.2	53.7	38.8	56.4	35.1	−0.49	0.39	正常
14：07	取样	34.6	53.3	51.4	37.4	53.2	35.2	−0.07	0.39	正常
14：15	停止进料	34.6	58.6	52.7	34.3	51.8	35.3	0.29	0.38	正常
14：17	取样	34.3	56.2	51.7	36.7	55.2	35.4	0.26	0.39	正常
14：28	取样	33.3	53.5	52	35.3	50.1	35.3	0.21	0.38	正常
14：38	取样	33.4	53.3	50.8	33.5	53.7	35.2	0.18	0.39	正常
14：39	停止加热	33.4	53.3	50.8	33.5	53.7	35.2	0.17	0.38	正常
15：00	关闭风机。干燥器内残存物料及出料袋内物料总和2274g，取样100g，粉尘1.4g	33.2	40	39.6	33.4	39.1	34.9	0	0	正常

表6-8　样品分析数据

序号	时间/s	取样/g	烘干后重量/g	失水量/g	干基含水量/kg·kg⁻¹	干燥速率
1	0	20	18.2	1.8	0.0989	$3.62319×10^{-7}$
2	600	20	18.4	1.6	0.0870	$1.8018×10^{-7}$
3	1200	20	18.5	1.5	0.0811	$1.79211×10^{-7}$
4	1800	20	18.6	1.4	0.0753	$1.78253×10^{-7}$
5	2400	20	18.7	1.3	0.0695	$1.77305×10^{-7}$
6	3000	20	18.8	1.2	0.0638	$1.76367×10^{-7}$
7	3600	20	18.9	1.1	0.0582	

（1）物料量计算举例：

$$总进料量=2500g$$

$$总出料量 = 2274+100+1.4 = 2375.4g$$

干燥过程中物料失水量计算：

$$原料含水量 = 1.8/18.2 = 0.0989kg 水/kg 绝干物料$$

干燥后样品平均含水量

$$= (1.6+1.5+1.4+1.3+1.2+1.1)/(18.4+18.5+18.6+18.7+18.8+18.9)$$
$$= 0.0724kg 水/kg 绝干物料$$

失水量约为：

$$2374 \times (0.0989-0.0724) = 62.9g$$

干燥过程中有物料损失，所以进料量出料量基本一致，说明实训数据是正确的。

（2）干燥速率计算：以表6-8中第二组数据为例：

$$G_1 = G_2 = 20g \qquad G_C = 18.2g$$
$$X_1 = 1.8 \div 18.2 = 0.0989kg 水/kg 绝干物料$$
$$X_2 = 1.6 \div 18.4 = 0.087kg 水/kg 绝干物料$$
$$U_1 = G_C \times (X_1-X_2)/1000/600 = 3.62 \times 10^{-7} kg 水/s$$

式中　G_i——取样量；

　　　G_C——绝干物料重；

　　　X_i——干基含水量；

　　　U_i——干燥速率。

2　实训操作

化工单元操作	实训班级	实训场地	学时	指导教师
			8	

实训项目	沸腾床干燥操作
实训内容	用沸腾床干燥器干燥湿物料（含有一定水分的粮食）
设备与工具	沸腾床干燥器实训装置，鼓风机，转子流量计，旋风分离器

序号	工序	操作步骤	要点提示	数据记录或工艺参数
1	检查准备	准备一定量的被干燥物料，装入沸腾床，待用，检查风机、电路及仪表系统是否正常；准备天平、烘箱、称量瓶等含水量测定仪器	根据实训设备的大小准备适当的物料	
2	开车	启动风机调节风量，使物料处于良好的流化状态	从小到大调节风量	
3	干燥	开启预热器，并调节加热电压预热空气流至100~110℃左右，保持空气状态稳定，床层温度在40℃左右	保持物料处于良好的硫化状态	

续表

4	取样	每隔 5min 取样一次，共做 8 ~ 10 组数据，并记录床层温度、空气温度和流量	取出的试样放入称量瓶中，并记上编号和取样时间，待分析用
5	分析含水量	先将称量瓶和试样称重，再用烘箱烘干水分后称重	烘箱温度设定 100℃
6	停车	关闭加热器，关闭风机	注意关闭开关顺序

数据处理与结果分析

任务三 设备的维护与保养

由于干燥室内的设备需长期在高温、高湿的环境中运行，再加上木材中排出的有机酸对室内设备的腐蚀作用，这种恶劣的环境将严重影响设备的使用寿命。因此，对干燥室设备及壳体的正确使用和维护保养，已成为当前木材干燥生产中倍受重视的问题。对于砖混结构室体和有黑色金属构件的干燥室，应有维修制度，可根据干燥室的耐久性能等级制订，只有这样，才能延长干燥室的使用寿命。

1 干燥设备的正确使用和保养

对于干燥设备的正确使用和保养，要根据设备的具体情况制定。在木材装室之前，首先要对干燥室进行检验和开动前的检查，以保证干燥过程的正常进行，如有问题应及时检修；否则，在干燥过程中，加热、通风、换气等机械设备会出现故障。检查工作主要包括以下几方面。

1.1 干燥室壳体的检查

干燥室壳体系指屋顶、地面和墙壁等，它们起围护作用。应检查墙壁、天棚的隔热情况。如发现有裂缝、漏汽以及防腐涂料脱落或沥青脱落现象，应及时用水泥砂浆等抹平堵塞，再用防腐涂料涂刷；干燥室大门如发现因长期使用出现变形、漏汽或关闭不严，应及时维修，需要时及时更换密封胶条；室内地面应清扫干净。如有塌陷或凸凹不平，应及时修补；轨道如不符合要求，应修理较正。

1.2 动力系统的检查

应检查风机运转是否平稳，如有螺丝松动、挡圈松脱、轴承磨损等现象，应及时修理或调换；检查进、排气道，如闸板、电动执行器、钢丝绳是否损坏，如操纵不灵，要修理、调整；检查电动机的地脚螺丝、地线、电线接头等。

1.3 热力系统的检查

热力系统包括加热器、喷蒸管、回水管路、疏水器、控制阀门及蒸汽管路等。

检查加热器时，应向加热器内通入蒸汽，时间约需 10~15min，以观察是否能均匀热透和有无漏汽现象；检查喷蒸管时，应将喷蒸管阀门打开，进行 2~3min 的喷汽试验，观察全部喷孔是否能均匀射流；疏水器最易出问题，若在供汽压力正常的情况下，操作也正常，但却升温、控温不正常，这有可能是疏水器工作不正常所致，要定期检查和维修，清除其内部污物，发现有零件磨损失灵时，应及时修理或调换；回水管路如有堵塞现象，应及时疏通，以便及时排除冷凝水。

1.4 测试仪表系统的检查

如干燥室内采用干湿球温度计来测量干燥介质状态，应注意干、湿球温度计的湿球纱布应始终保持湿润状态，但不能使湿球温包浸在水中。应对湿度计的干球和湿球两支温度计刻度指数做定期的检查，校正指数误差，以求得准确读数。此外，感温元件与水盒水位的距离不得大于 50mm，感温元件一般安装在材堆侧面，感温元件与气流方向垂直放置，室内露出部分的长度必须大于感温体长度的 1/3；含水率测定仪在使用前要检查电池电压是否能满足要求，如电压不够，应及时更换。

此外，在木材干燥过程中还应注意装、卸材堆或进、出室时，不撞坏室门、室壁和室内设备；当风机改变转向时，应先"总停"2~3min，待全部风机都停稳后再逐台反向启动；风机改变风向后，温、湿度采样应跟着改变，即始终以材堆进风侧的温、湿度作为执行干燥基准的依据；干燥过程中，如遇中途停电或因故停机，应立即停止加热或喷蒸，并关闭进排气道，防止木材损伤等（degrade）；对于蒸汽干燥室，干燥结束时应打开疏水器旁通阀门和管系中弯管段的排水旁通阀门，排尽管道内的余汽和积水；干燥室长期不用时，必须全部打开进、排气道，保持室内通风透气，以保持室内空气干燥、室内壁和设备表面不结露。

2 干燥室壳体的防开裂措施

干燥室壳体的开裂和腐蚀是木材干燥设备最常见也较难解决的问题。干燥室若出现开裂，就会因腐蚀性气体的侵袭而加速壳体的破坏，并使热损失增大，工艺基准也难以保障。因此，干燥室一般不允许开裂。

干燥室壳体的开裂主要与基础发生不均匀沉降、壳体热胀冷缩、壳体结构不牢固和壳体局部强度削弱使应力集中等因素有关。防止开裂采取主要措施包括：

（1）基础设计须合理、可靠，为确保基础稳定，可增设基础圈梁。

（2）外墙采用实体砖墙，砖的标号不低于 75 号，水泥砂浆标号不低于 50 号，并在低温侧适当配筋；在砌好的墙上少开孔洞，避免墙体厚度急剧变化，尽量不在墙体内做进、排气道。采用框架式结构，对混凝土梁、钢梁，要设置足够大的梁垫；设法减小连续梁的温差，应以 2~4 座室为一单元，做出温度伸缩缝；内层表面作 20mm 厚水泥砂浆抹面，并仔细选择其配比，尽量满足隔汽、防水、防龟裂的要求。

3　壳体防腐蚀措施

干燥室壳体的防腐蚀，主要是防上水蒸气和腐蚀性气体的渗透。对金属壳体或铝内壁壳体，关键是处理好拼缝和螺丝、铆钉孔的密封，可现场焊接做成全封闭，并用性能好的耐高温硅橡胶涂封铆钉孔和拼缝。对砖混结构室体，砖墙内表面须用 1：2 的防水水泥砂浆粉刷；另一方面，还须选用耐高温和抗老化性能好、着力强的防水防腐涂料涂刷壳体内表面。

目前防水涂料的新产品很多，如乳化石棉沥青、JG 型冷胶料、建筑胶油、聚醚型聚氨酯防水胶料、再生橡胶沥青防水胶料、氯丁橡胶沥青防水涂料等。这些涂料都采用冷施工，既省时又省料，各项性能指标均优于以往采用的热沥青涂刷。在诸多牌号的涂料中，以 JG—2 冷胶料较适合干燥室使用，既可用于涂刷室内表面，也可用做屋面防水层，如配用玻璃纤维布做二布三油屋面防水代替二毡三油的老式做法，可降低造价 1.5~2 倍，并可延长使用寿命。

4　室内设备的防腐蚀措施

室内设备的防腐蚀，主要是选用耐腐蚀材料，如选用铝、铜、不锈钢和铸铁制品。较先进的干燥室几乎不用黑色金属构件和设备。但我国现阶段的木材干燥室还不可能完全不用黑色金属材料，生产上还保留有许多老式干燥室，所用的黑色金属材料更多。因此，室内设备的防腐蚀仍然是一个不容忽视的问题。

对于钢铁件的防腐蚀，通常采用以下办法处理。

4.1　表面油漆法

表面油漆法是最常用、最简单易行的办法，处理得好，可获得良好的效果。

油漆效果好坏的关键，取决于涂漆前除锈是否干净，以及对油漆涂料的选用是否合适。

对于表面已有铁锈的钢件，可采用 H06-17 或 H06-18 环氧缩醛除锈底漆（西安、天津、杭州等地油漆厂生产）除锈。锈厚在 25~150μm 以内，尤其是在 70μm 左右的，用此法除锈效果极佳。

环氧缩醛底漆只起除锈作用，还须再涂刷底漆和面漆。油漆的种类繁多，针对干燥室的工作环境，比较好的选择是采用 F53-31 红丹酚醛防锈漆或 Y53-31 红丹油性防锈漆作为底漆。这两种漆的防锈性和涂刷性好，附着力强，能防水隔潮。红丹酚醛漆干燥快，漆膜硬；红丹油性漆干燥慢，漆膜软。面漆可采用 F82-31 黑酚醛锅炉漆或 F83-31 黑酚醛烟囱漆。这两种漆的附着力和耐候性能好，耐热温度可达 400℃，防锈效果较好。施工时，在钢铁表面彻底除锈的基础上，涂刷底漆和面漆各两道。

涂刷方法：涂刷时按涂料的状态（水质、黏稠或糊状）以及被涂零部件的面积、大小、形状及部位的要求，采用涂刷或喷涂方法，涂层要均匀，防止局部缺胶或有气泡。在保证形成连续胶层的情况下，保持一定的厚度，一般涂层厚度在 0.10~0.15mm 为宜。涂刷要进行 2 次，第一次干透以后再涂刷第二次。调制好的胶液应在规定时间内用完（2h 以内）。

4.2 表面喷铝法

表面喷铝法是用一支特制的喷枪，一方面向喷枪内送进铝丝，另一方面送进乙炔、氧和压缩空气，铝丝在乙炔氧焰下被熔化，在压缩空气作用下，通过喷嘴将熔化的铝液喷在金属表面上，形成厚度0.3~1mm的铝膜，用以保护铁件不受腐蚀。喷铝防腐效果的好坏主要与铝膜的结合强度有关，受除锈是否干净以及喷涂时的风压、喷距、角度、预热及铝丝质量等因素的影响。其缺点是喷铝设备及操纵技术比较复杂，成本较高，在生产上应用不多。

任务四　异常现象判断与处理

1　常见故障及处理方法

沸腾床干燥器的常见故障及处理方法

故障现象	原　因	处理方法
发生死床	①入炉物料太湿或块多 ②热风量少或温度低 ③床面干料层高度不够 ④热风量分配不均匀	①降低物料水分 ②增加风量，提高温度 ③缓慢出料，增加干料层厚度 ④调整进风阀的开度
尾气含量尘量大	①分离器破损，效率下降 ②风量大或炉内温度高 ③物料颗粒变细小	①检查修理 ②调整风量和温度 ③检查操作指标变化
沸腾床流动不好	①风压低或物料多 ②热风温度低 ③风量分布不合理	①调节风量和物料 ②加大加热器蒸汽量 ③调节进风板阀开度

喷雾干燥器的常见故障及处理方法

故障现象	原　因	处理方法
产品水分含量高	①溶液雾化不均匀，喷出的颗粒大 ②热风的相对湿度大 ③溶液供液量大，雾化效果差	①提高溶液压力和雾化器转速 ②提高送风温度 ③调节雾化器进料量或更换雾化器
塔壁粘有积粉	①进料太多，正反不充分 ②气流分布不均匀 ③个别喷嘴堵塞 ④塔壁预热温度不够	①减小进料量 ②调节热风分布器 ③洗涤或更换喷嘴 ④提高热风温度
产品颗粒太细	①溶液的浓度低 ②喷嘴孔径太小 ③溶液压力太高 ④离心盘转速太快	①提高溶液浓度 ②换大孔喷嘴 ③适当降低压力 ④降低转速

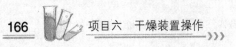

续表

故障现象	原　因	处理方法
尾气含粉尘太多	①分离器堵塞或积料多 ②过滤袋破裂 ③风速大，细粉含量大	①清理物料 ②修补破口 ③降低风速

2　工作任务单

项目六	沸腾床干燥操作
任务四	异常现象的判断与处理
班级	
时间	
小组	
任务内容	一、概述沸腾床的结构。 二、说出沸腾床（流化床）干燥器适用处理什么样物料。 三、概述沸腾床的操作规程。 四、说出沸腾床的故障及处理方法。
任务中的疑惑	

干燥操作技能训练

一、训练目标

（1）了解气流常压干燥设备的基本流程和工作原理。

（2）测定湿物料（纸板或其他）在恒定干燥工况下不同时刻的含水量。

（3）掌握干燥操作方法。

二、训练准备

1. 湿物料的干基含水量

不含水分的物料通常称为绝对干料．湿物料中的水分的质量与绝对干料质量之比称为湿物料的干基含水量。

$$X = \frac{湿物料中的水分的质量}{湿物料绝干物料的质量}, \ \text{kg/kg} 干物料$$

物料干燥过程除与干燥介质（如空气）的性质和操作条件有关外，还受物料中所含湿分性质的影响。

2. 干燥曲线

湿物料的平均干基含水量 X 与干燥时间 T 的关系曲线即为干燥曲线，它说明了在相同的干燥条件下将某物料干燥到某一含水量所需的干燥时间，以及干燥过程中物料表面温度随干燥时间的变化关系。

三、实训装置

如图 6-31 所示，空气由风机输送经孔板流量计、电加热器入干燥室，然后入风机循环使用。电加热器由晶体管继电器控制，使空气的温度恒定。干燥室前方装湿球温度计，干燥后也装有温度计，用以测量干燥室内的空气状况。风机出口端测量流经孔板时的空气温度，这是计算流量的一个参数。空气流速由阀 4（形阀）调节。任何时候这个阀都不允许全关，否则电加热器会因空气不流动过热而引起损坏。当然，如果全开了两个片式阀门（15）则除外，风机进口端的片式阀用以控制系统所吸入的空气量，而出口端的片式阀则用于调节系统向外界排出的废气量。如试样量较多，可适当打开这两个阀门，使系统内空气湿度恒定；若试样数量不多，也可不开启。

四、实训步骤

（1）事先将试样放在电热干燥箱内，用 90℃ 左右温度烘约 2h，冷却后称量，得出试样绝干质量（G_c）。

（2）实训前将试样加水约 90g（对 150×100×7 的浆板试样而言），稍候片刻，让水分扩散至整个试样，然后称取湿试样质量。

（3）检查天平是否灵活，并配平衡；往湿球温度计加水。

（4）启动风机，调节阀门至预定风速值。

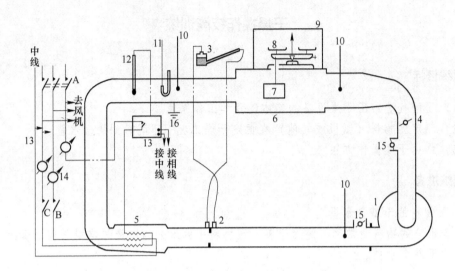

图 6-31　干燥实验装置流程

1—风机；2—孔板流量计；3—孔板压差计；4—风速调节阀；5—电加热器；6—干燥室；7—试样；
8—天平；9—防风罩；10—干球温度计；11—湿球温度计；12—导电温度计；13—晶体管继电器；
14—电流表；15—片式阀门；16—接地保护线；A，B，C—组合开关

（5）开加热器，调节温度控制器，调节温度至预定值，待温度稳定后再开干燥室门，将湿试样放置在干燥器内的托架上，关好干燥室门。

（6）立即加砝码使天平接近平衡，但砝码稍轻，待水分干燥至天平指针平衡时开动第一个秒表（实训使用 2 个秒表）。

（7）减去 3g 砝码，待水分再干燥至天平指针平衡时，停第一个秒表，同时立即开动第二个秒表，以后再减 3g 砝码，如此往复进行，至试样接近平衡水分时为止。

（8）停加热器，停风机，待干燥室温度降至接近室温打开干燥室门，取出被干燥物料。关好干燥室门。

注意：湿球温度计要保持有水，水从喇叭口处加入，实训过程中视蒸发情况中途加水一、二次。

五、数据整理

（1）计算湿物料干基含水量 X：

$$X = \frac{湿物料中水分的质量}{湿物料中绝对干燥的质量}$$

以序号 i，$i+1$ 为例：

$$X_i = \frac{G_{si} - G_c}{G_c}, \quad X_{i+1} = \frac{G_{si+1} - G_c}{G_c}$$

（2）画出时间（τ）-含水量（X）及时间（τ）-温度（t）的关系曲线。

干燥装置操作技能评价表

技能实训名称	干燥装置操作技能实训	班级		指导教师			
		时间		小组成员			
		组长					
实训任务	考核项目				分值	自评得分	教师评分
干燥装置的工作流程	指出各设备仪表及调节系统				10		
干燥装置的开车操作	1. 熟悉开车前准备工作				10		
	2. 掌握开车操作步骤				20		
干燥装置的正常操作	1. 会判断系统达到稳定的方法				10		
	2. 掌握调节温度的方法				20		
	3. 能判断干燥完成的标志				10		
干燥的正常停车	掌握干燥装置的正常停车操作步骤				20		
综　合　评　价					100		

项目七　间歇式反应釜装置操作

任务一　生产准备

学习目标：

(1) 能指出页面中所有装置的名称；

(2) 能简单描述出页面中装置的作用；

(3) 能按照步骤完成操作；

(4) 根据仿真练习能初步掌握间歇式反应釜的操作和故障处理方法。

任务实施：

仿真练习

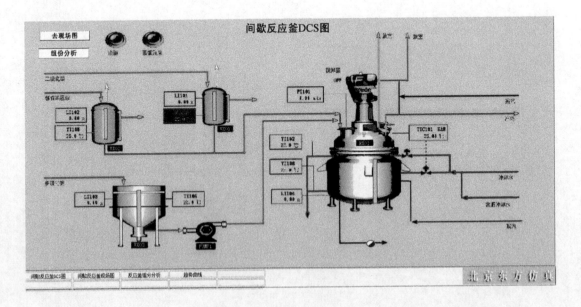

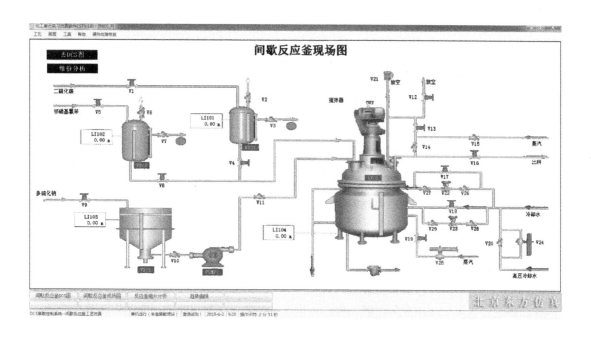

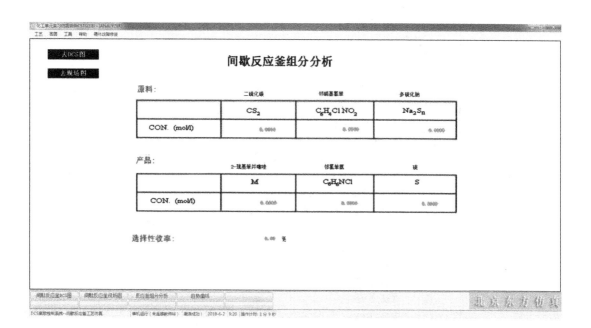

操作过程详单

单元过程	步　骤
间歇式反应釜的 冷态开车	向沉淀器 VX03 进料： （1）开沉淀罐 VX03 进料阀（V9）； （2）至 3.60 米时关闭 V9，静置 4 分钟； （3）进料液位达到 3.60 米。 向计量罐 VX01 进料（CS2）： （1）开 VX01 放空阀门 V2； （2）开 VX01 溢流阀门 V3； （3）开 VX01 进料阀 V1； （4）溢流后，迅速关闭 V1。 向计量罐 VX02 进料（邻硝基氯苯）： （1）开 VX02 放空阀门 V6； （2）开 VX02 溢流阀门 V7； （3）开 VX02 进料阀 V5； （4）溢流后，迅速关闭 V5。 从 VX03 中向反应器 RX01 中进料： （1）开 RX01 放空阀 V12； （2）打开泵前阀 V10； （3）打开进料泵 PUMP1； （4）打开泵后阀 V11 进料； （5）进料完毕关泵后阀 V11； （6）关泵 PUMP1； （7）关泵前阀 V10； （8）VX03 向反应器进料完毕。 从 VX01 中向反应器 RX01 中进料： （1）打开进料阀 V4 向 RX01 中进料； （2）进料完毕后关闭 V4； （3）VX01 向反应器进料完毕。 从 VX02 中向反应器 RX01 中进料： （1）打开进料阀 V8 向 RX01 中进料； （2）进料完毕后关闭 V8； （3）所有进料完毕后，关闭放空阀 V12； （3）VX02 向反应器进料完毕。 反应初始阶段： （1）打开阀门 V26； （2）打开阀门 V27； （3）打开阀门 V28； （4）打开阀门 V29； （5）开联锁 LOCK； （6）开搅拌器； （7）打开 V19 通加热蒸汽，提高升温速度。 反应阶段： （1）关加热蒸汽；

续表

单元过程	步　骤
间歇式反应釜的 冷态开车	（2）当温度大于 75℃时，打开 TIC101 略大于 50，通冷却水； （3）TIC101 维持反应温度在 110℃到 128℃间； （4）2-巯基苯并噻唑浓度大于 0.1mol/L； （5）邻硝基氯苯浓度小于 0.1mol/L； （6）控制温度指标 TI101； （7）选择性收率指标。 反应结束： 　当邻硝基氯苯浓度小于 0.1mol/L 时可认为反应结束，关闭搅拌器。 出料准备： （1）开放空阀 V12，放可燃气； （2）开 V12 阀 5~10s 后关放空阀 V12； （3）通增压蒸汽，打开阀 V15； （4）通增压蒸汽，打开阀 V13； （5）开蒸汽出料预热阀 V14； （6）开蒸汽出料预热阀 V14 片刻后关闭 V14。 出料： （1）开出料阀 V16，出料； （2）出料完毕，保持吹扫 10 秒钟，关闭 V16； （3）关闭蒸汽阀 V15； （4）关闭阀门 V13； （5）RX01 出料结束。 扣分过程： （1）沉淀罐溢出； （2）沉淀罐料太多； （3）计量罐 VX01 溢出； （4）溢出后没有及时关闭进料； （5）计量罐 VX02 溢出； （6）溢出后没有及时关闭进料； （7）超温的时候，蒸汽加热阀仍然打开； （8）安全阀启用（爆膜）； （9）出料完毕吹扫后 1 分钟之内没有关闭出料阀 V16； （10）擅自关闭联锁； （11）反应过程中关闭搅拌器
间歇式反应釜的 正常停车	出料准备： （1）关闭搅拌器 M1； （2）开放空阀 V12，放可燃气； （3）开 V12 阀 5~10s 后关放空阀 V12； （4）打开 V15 通增压蒸汽； （5）打开 V13 通增压蒸汽； （6）开蒸汽出料预热阀 V14； （7）开蒸汽出料预热阀 V14 片刻后关闭 V14

单元过程	步　　骤
间歇式反应釜的 正常停车	出料： （1）开出料阀 V16，出料； （2）出料完毕，保持吹扫十秒钟，关闭 V16； （3）关闭蒸汽阀 V15； （4）关闭阀门 V13； （5）出料结束。 扣分过程： （1）沉淀罐溢出； （2）计量罐 VX01 溢出； （3）计量罐 VX02 溢出； （4）在超温的情况下，蒸汽加热阀仍打开； （5）出料过程中仍然进料； （6）出料过程中泵误启动； （7）安全阀启用（爆膜）； （8）出料完毕吹扫后 1 分钟之内没有关闭蒸汽预热阀 V16
间歇式反应釜的 热态开车	反应初始阶段： （1）打开阀门 V26； （2）打开阀门 V27； （3）打开阀门 V28； （4）打开阀门 V29； （5）开联锁 LOCK； （6）开搅拌器 M1； （7）打开 V19 通加热蒸汽，提高升温速度。 反应阶段： （1）关加热蒸汽； （2）当温度在 70~80℃的范围时，打开 TIC101 略大于 50，通冷却水； （3）TIC101 维持反应温度在 110~128℃间； （4）2-巯基苯并噻唑浓度大于 0.1mol/L； （5）邻硝基氯苯浓度小于 0.1mol/L； （6）选择性收率指标； （7）反应釜温度控制指标。 反应结束： 　当邻硝基氯苯浓度小于 0.1mol/L 时可认为反应结束，关闭搅拌器。 出料准备： （1）开放空阀 V12，放可燃气； （2）开 V12 阀 5~10s 后关放空阀 V12； （3）通增压蒸汽，打开阀 V15； （4）通增压蒸汽，打开阀 V13； （5）开蒸汽出料预热阀 V14； （6）开蒸汽出料预热阀 V14 片刻后关闭 V14。 出料： （1）开出料阀 V16，出料；

续表

单元过程		步　骤
间歇式反应釜的 热态开车		（2）出料完毕，保持吹扫十秒钟，关闭 V16； （3）关闭蒸汽阀 V15； （4）关闭阀门 V13； （5）RX01 出料结束。 扣分过程： （1）沉淀罐溢出； （2）沉淀罐料太多； （3）计量罐 VX01 溢出； （4）溢出后没有及时关闭进料； （5）计量罐 VX02 溢出； （6）溢出后没有及时关闭进料； （7）超温的时候，蒸汽加热阀仍然打开； （8）安全阀启用（爆膜）； （9）出料完毕吹扫后 1 分钟之内没有关闭出料阀 V16； （10）反应过程中关闭搅拌器
间歇式 反应釜 常见故障	出料管 堵塞	出料准备： （1）关闭搅拌器 M1 （2）开放空阀 V12，放可燃气； （3）开 V12 阀 5~10s 后关放空阀 V12； （4）开蒸汽阀 V15； （5）通增压蒸汽，打开阀 V13； （6）开出料预热阀 V14 吹扫 5 分钟以上； （7）出料管不再堵塞后，关闭出料预热阀 V14。 出料： （1）开出料阀 V16，出料； （2）出料完毕，保持吹扫十秒钟，关闭 V16； （3）关闭蒸汽阀 V15； （4）关闭阀门 V13； （5）RX01 出料结束。 扣分过程： （1）沉淀罐溢出； （2）计量罐 VX01 溢出； （3）计量罐 VX02 溢出； （4）在超温的情况下，蒸汽加热阀仍打开； （5）出料过程中仍然进料； （6）出料过程中泵误启动； （7）安全阀启用（爆膜）； （8）出料完毕吹扫后 1 分钟之内没有关闭出料阀 V16
	反应釜 温度超温	开大冷却水量至最大： （1）打开高压冷却水阀 V20； （2）开大冷却水量至最大； （3）关闭搅拌器 M1； （4）反应釜温度控制在 110℃。

单元过程		步　骤
间歇式反应釜常见故障	反应釜温度超温	扣分过程： (1) 沉淀罐溢出； (2) 计量罐 VX01 溢出； (3) 计量罐 VX02 溢出； (4) 超温的时候，蒸汽加热阀仍打开； (5) 搅拌器误启动； (6) 安全阀启用（爆膜）
	搅拌器 M1 故障	出料准备： (1) 关闭搅拌器 M1 (2) 开放空阀 V12，放可燃气； (3) 开 V12 阀 5~10s 后关放空阀 V12； (4) 通增压蒸汽，打开阀 V15； (5) 通增压蒸汽，打开阀 V13； (6) 开蒸汽出料预热阀 V14； (7) 开蒸汽出料预热阀 V14 片刻后关闭 V14。 出料： (1) 开出料阀 V16，出料； (2) 出料完毕，保持吹扫 10 秒钟，关闭 V16； (3) 关闭蒸汽阀 V15； (4) 关闭阀门 V13； (5) RX01 出料完毕。 扣分过程： (1) 沉淀罐溢出； (2) 计量罐 VX01 溢出； (3) 计量罐 VX02 溢出； (4) 超温的时候，蒸汽加热阀仍然打开； (5) 安全阀启用（爆膜）； (6) 出料完毕吹扫后 1 分钟之内没有关闭蒸汽预热阀 V16
	冷却水阀 V22，V23 卡住(堵塞)	启用旁路阀： (1) 启用冷却水旁路阀 V17，如果仍不能控制温度，则启用 V16； (2) 启用冷却水旁路阀 V16，如果仍不能控制温度，则启用 V17； (3) 反应釜温度 TI101。 扣分过程： (1) 沉淀罐溢出； (2) 计量罐 VX01 溢出； (3) 计量罐 VX02 溢出； (4) 超温的时候，蒸汽加热阀仍然打开； (5) 安全阀启用（爆膜）； (6) 反应过程中关闭搅拌器

续表

单元过程		步　骤
间歇式 反应釜 常见故障	温显仪 表坏	控制压力指标： （1）利用压力控制反应浓度； （2）邻硝基氯苯浓度小于 0.1mol/L。 扣分过程： （1）沉淀罐溢出； （2）计量罐 VX01 溢出； （3）计量罐 VX02 溢出； （4）超温的时候，蒸汽加热阀仍然打开； （5）安全阀启用（爆膜）； （6）反应过程中关闭搅拌器

工作任务单：

项目七	反应釜装置操作
任务一	生产准备
班级	
时间	
小组	
任务内容	一、仔细观察反应釜指出： 1. 釜的主体，2. 搅拌装置，3. 传热装置，4. 传动装置，5. 轴密封装置。 二、正确读出下列搅拌装置名称。 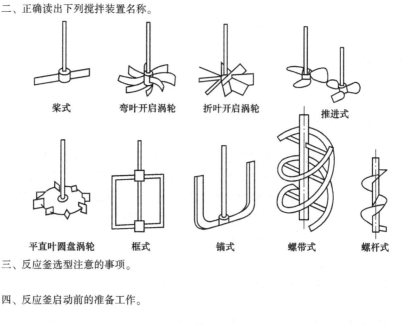 三、反应釜选型注意的事项。 四、反应釜启动前的准备工作。

任务中的疑惑	

任务二   装置操作

学习目标：

一、知识目标

能够使学生掌握反应过程的基本原理和流程，熟悉反应釜的结构与工艺流程，学会处理和解决反应釜经常遇到的不正常情况。

二、技能目标

（1）能识记化学反应生产过程工艺文件，能识读化学反应岗位的工艺流程图、实训设备示意图、实训设备的平面和立面布置图，能绘制工艺配管简图，能识读仪表联锁图。

（2）正确使用液位计、流量计、温度计等测量控制仪表；加深了解化工仪表和自动化知识在反应器操作中的应用。

（3）能按照操作规程要求完成反应釜装置的停车操作。

任务实施：

1   知识准备

1.1   反应釜实训装置的基本原理

在内层放入反应溶媒可做搅拌反应，夹层可通上不同的冷热源（冷冻液，热水或热油）做循环加热或冷却反应。通过反应釜夹层，注入恒温的（高温或低温）热溶媒体或冷却媒体，对反应釜内的物料进行恒温加热或制冷；同时可根据使用要求在常压条件下进行搅拌反应。物料在反应釜内进行反应，并能控制反应溶液的蒸发与回流；反应完毕，物料可从釜底的出料口放出，操作极为方便。

不锈钢反应釜特点：

（1）不锈钢材质具有优良的机械性能，可承受较高的工作压力，也可承受块状固体物料加料时的冲击。

（2）耐热性能好，工作温度范围很广（0～300℃）。在较高温度下不会氧化起皮，故可用于直接火加热。

（3）具有很好的耐腐蚀性能，无生锈现象。

（4）传热效果比搪瓷反应釜好，升温和降温速度较快。

（5）有良好的加工性能，可按工艺要求制成各种不同形状和结构的反应釜。釜壁可打磨抛光，使之不挂料，便于清洗。

1.2 反应釜实训装置的工艺流程、主要设备及仪表控制

1.2.1 反应釜实训装置工艺流程

反应釜实训装置工艺流程如图7-1所示。

1.2.2 反应釜实训装置主要设备技术参数

反应釜实训装置主要设备技术参数见表7-1。

表7-1 反应釜实训装置主要设备技术参数　（mm）

序号	代码	设备名称	主要技术参数	备注
1	V101	原料罐 I	ϕ400，高600	
2	V102	出料罐 I	ϕ400，高600	
3	V103	出料罐 II	ϕ400，高600	
4	V104	原料罐 II	ϕ400，高600	
5	E103	热油罐	ϕ450，高600	
6	P101	搅拌器 I		
7	P102	搅拌器 II		
8	P103	离心泵 I	WB50/025	
9	P104	离心泵 II	WB50/025	
10	P105	热水泵	TD-35	
11	E101、E102	冷凝器	ϕ140，长500	
12	R101	反应釜 I		
13	R102	反应釜 II		
14	V105	高位槽 I	ϕ200，高250	
15	V106	高位槽 II	ϕ200，高250	
16	V107	玻璃观测罐 I	ϕ150，高200	
17	V108	玻璃管测罐 II	ϕ150，高200	
18	V109	塔顶产品罐 I	ϕ160，高260	
19	V110	塔顶产品罐 II	ϕ160，高260	

1.2.3 反应釜实训装置流程简述

（1）物料流向。原料罐V101中的原料由进料泵P103经流量计F101计量后进入反应釜中反应，反应后的物料经下展阀VA126、VA105、VA110回到原料罐中，也可经下展阀VA126、VA105进入到产品罐中或经阀VA106流出。

（2）釜加热。反应釜本身带有加热器，或通过热水泵P105将热水罐中的水进入反应釜夹套中给釜循环加热。

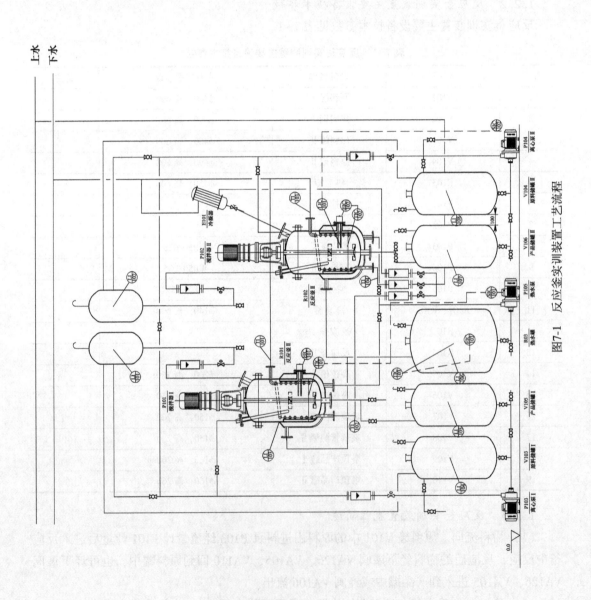

图7-1 反应釜实训装置工艺流程

1.2.4　反应釜实训装置控制仪表面板图

反应釜实训装置控制仪表面板如图 7-2 所示。

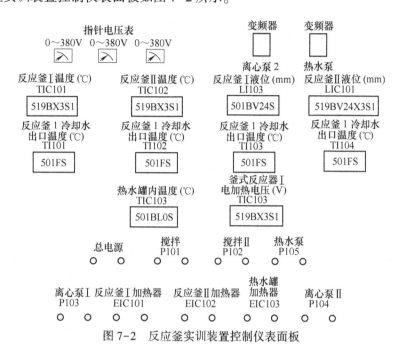

图 7-2　反应釜实训装置控制仪表面板

1.3　实训内容及操作规程

1.3.1　工艺文件准备

能识记化学反应生产过程工艺文件，能识读化学反应岗位的工艺流程图、实训设备示意图、实训设备的平面和立面布置图，能绘制工艺配管简图，能识读仪表联锁图。了解釜式反应器主要设备的结构和布置。

1.3.2　开车前的动、静设备检查训练

检查原料储罐、热水罐、反应器、管件、仪表、冷凝设备等是否完好，检查阀门、分析取样点是否灵活好用以及管路阀门是否有漏水现象。

（1）检查釜式反应器 R101：

1）用手转动釜上搅拌电机 SIC101 的连动轴是否可自如转动。

2）检查釜上两观察窗是否完好无损坏。

3）检查釜上进料口是否封紧，此进料口应在加料后封紧。

4）检查釜式反应器加热管路是否畅通。

5）检查实反应釜用冷却管路是否畅通。

（2）检查原料泵 P103 叶轮是否可自如转动。

（3）检查热水泵 P105 叶轮是否可自如转动。

（4）检查各储料罐及输送管路：

1）检查原料罐 V101 中原料加入口是否畅通，管路阀门是否正常。向原料罐 V101 中加入原料前，应先关闭 VA108 阀门，全开 VA105 阀门（注意：加入的原料液体量应占原料罐 V101 总储量的 2/3～3/4）。

2）检查原料罐 V101 输送管路上各阀门是否正常。进料前先关闭阀门 VA101、VA10、VA103，进料时打开阀门 VA104 和 VA105。

3）检查热水罐 E103 中水的储量及管路阀门是否正常。热水罐 E103 加水前先关闭 VA113、VA114 阀门，加水时打开 VA112 阀门。所加水量占热水罐储量的 2/3～3/4 处。

4）利用热水泵 P105 向釜式反应器内 R101 加水，直至从热水罐上液位计 LI104 中所看到的液位不变为止。向热水罐中补加一定量水以保持热水罐中水的储量占到 2/3～3/4。

5）检查冷却水管路阀门是否正常。

注意：如果出现异常现象，必须及时通知指导教师，切不可擅自开车。

1.3.3　检查原料液及冷却水、电气等公用工程的供应情况及仪表检查训练

（1）检查原料罐 V101 中原料加入口是否畅通，管路阀门是否正常。向原料罐 V101 中加入原料前应先关闭 VA108 阀门，全开 VA105 阀门（注意：加入的原料液体量应占原料罐 V101 总储量的 2/3～3/4）。

（2）检查电器仪表柜一切正常后，接通动力电源，当电器仪表柜上三块指针电压表均指向 380V 时，说明动力电源已经接入。此时按下电器仪表柜总电源开关（绿色按钮）使仪表上电，即实训设备处于准备开启状态。

注意：如果电器仪表柜上电源三块指针电压表中有一块没有指向 380V，必须及时通知指导教师检查电路，切记不要开启总电源开关。

（3）打开设备总电源后巡视仪表，观察仪表有无异常（看 PV 和 SV 显示有无闪动，一般出现闪动即表示仪表发生异常）。

（4）打开计算机，双击屏幕桌面上的"反应釜实训"图标进入软件，登录系统后，检查软件仪表数据传输是否正常，即逐一对照仪表及软件窗口的相应显示，观察其是否一致，一致则表示软件工作正常，否则为不正常。

1.3.4　制定开车步骤、编制岗位操作规程、绘制操作记录表格训练

（1）制定开车步骤：

熟悉电器仪表柜面板上各仪表和开关的作用→选择釜式反应器加料方式→向釜式反应器加料→加料到指定液位→开启搅拌电机→选择釜式反应器冷却方式→接通冷却水→选择釜式反应器温度控制方式→釜式反应器加热反应结束后→停止釜式反应器加热→待釜温降低后停止搅拌→关闭冷却水。

（2）绘制操作数据记录表格（表 7-2）。

表 7-2　釜式反应器实训数据记录表

加料量/kg	
反应时间/min	
加热釜内温度（TCI101）/℃	
冷却水量（F103）/L·h^{-1}	
冷却水进口温度（TI104）/℃	
冷却水出口温度（TI105）/℃	

1.4 釜式反应器内温度自动控制操作技能训练

1.4.1 釜式反应器R101釜温度控制系统

釜式反应器R101的釜内温度是通过控制热水罐向釜式反应器R101输送热水的流量来实现的，即控制热水泵的电机频率来实现。

控制方式如图7-3所示。

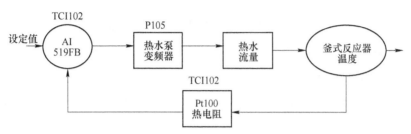

图7-3 釜式反应器内温度自动控制系统方框图

1.4.2 操作规程

首先调节仪表TCI102的设定温度（按仪表数据位移键（◁），下面显示窗设定值的地方会出现光标闪动，按数据加减键（▽）、（△）加减到所需设定的温度不超过70℃，然后按下设置键（↵）），釜式反应器设定温度一定要低于热水罐的设定温度。

启动热水泵变频器开关和热水罐V102加热开关，开始对釜式反应器进行加热。热水泵由变频器控制会自动调节到设定温度。记录时间、搅拌频率、釜式反应器温度、加热水温度。

间歇釜式反应器温度控制数据记录表

序号	时间/min	釜温/℃	加热水温度/℃
1			
2			
3			
4			
5			
6			
7			
8			
9			
10			

1.5 釜式反应器中的液位控制操作技能训练

1.5.1 釜式反应器R101液位控制系统

釜式反应器R101的釜内液位由控制原料液流量，即原料泵P102的电机频率来实现。控制方式如图7-4所示。

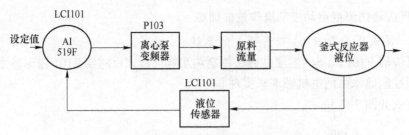

图 7-4　釜式反应器内反应器液位自动控制系统方框图

1.5.2　操作规程

设置面板上釜式反应器的液位 LICI101（按仪表数据位移键 ◁，下面显示窗设定值的地方会出现光标闪动，按数据加减键 ▽、△ 加减到所需的液位不超过 400mm 后按下设置键 🖕）。

全开下展阀 VA108、VA105、VA102，半开阀门 VA126 关闭 VA122，启动离心泵 P103，打开转子流量计调节阀 VA102，仪表会自动改变变频器的转速，从而使液位调整到设定值。记录时间、离心泵 P103 频率、釜式反应器液位等参数。

间歇釜式反应器液位控制数据记录表

序号	时间/min	离心泵频率/Hz	釜式反应器内液位/mm
1			
2			
3			
4			
5			
6			
7			
8			
9			

2　工作任务单

项目七	间歇式反应釜装置操作
任务二	装置操作
班级	
时间	
小组	
任务内容	一、简述间歇式反应釜的启动、停止的操作规程。

任务内容	二、简述间歇式反应釜岗位的岗位职责和交接班的基本要素。 三、简述间歇式反应釜岗位的安全注意事项。
任务中的疑惑	

任务三 设备的维护与保养

学习目标:

一、知识目标

能概述间歇式反应釜的日常保养维护注意事项。

二、技能目标

能完成对间歇式的日常保养。

任务实施:

1 知识准备

1.1 结构简述

反应釜由釜体(上盖、筒体、釜底、夹套)、传动、搅拌、密封装置及安全附件等组成。

1.2 主要性能

反应釜的类型、规格繁多,性能差异甚大。目前釜体普遍的材料为钢(包括碳素钢、低合金钢、不锈耐酸钢、复合钢板)、铸铁、搪玻璃。本规程范围内的反应釜的主要性能见表7-3。

表 7-3　反应釜的主要性能指标

项目	适 用 范 围
温度	合金钢釜体: -40~475℃
	碳钢釜体: -20~425℃
	铸铁釜体: -15~250℃
	搪玻璃釜体: -30~240℃, 温差小于120℃
压力	合金钢釜体: ≤3.0MPa
	碳钢釜体: <1.6MPa
	搪玻璃釜体: <0.6MPa
介质	碳钢釜体: 无腐蚀性介质。若内部采取合理的防腐措施可适用于任何浓度的硝酸、硫酸、盐酸及低浓度的碱液等
	铸铁釜体: 碱性介质、61%~98%浓度硫酸
	搪玻璃釜体: 各种浓度无机酸、有机酸、有机溶剂及弱碱
轴封	填料密封: 介质压力小于35MPa, 工作温度-50~600℃, 密封面线速度小于等于20m/s, 寿命一般为2~3个月
	机械密封: 工作压力小于40MPa, 工作温度-196~600℃, 密封面线速度小于150m/s, 泄漏量低于1mL/h, 寿命1~2年

1.3　零、部件

（1）釜体（包括内部衬里、夹套）及传动、搅拌、密封等装置的零部件完整齐全，质量符合要求。

（2）压力表、温度计、安全阀、爆破片、液面计、自动调节装置等齐全、灵敏、准确，并定期检验。

（3）基础、机座稳固可靠，螺栓紧固、齐整、符合技术要求。

（4）管线、管件、阀门、支架安装合理、牢固，标志分明。

（5）防腐、保温、防冻设施完整有效。

（6）盛装易燃或有毒介质的釜体上的安全阀及爆破片的排放管必须按有关规定执行。

1.4　运行性能

（1）设备润滑系统清洁畅通，润滑良好。

（2）空载盘转搅拌轴时，无明显偏重及摆动，零部件之间无冲击声。

（3）运行时无杂音，无异常振动，各部温度、压力、转速、流量、电流等符合要求。滚动轴承温度不超过70℃，滑动轴承温度不超过65℃。

（4）生产能力达到铭牌出力或查定能力。

1.5　设备环境

（1）岗位整洁。

（2）动、静密封点统计准确，无跑、冒、滴、漏。

1.6 设备的维护

1.6.1 日常维护

（1）经常观察釜体及零部件是否有变形、裂纹、腐蚀等现象。保持紧固件无松动，传动带松紧合适。

（2）保持润滑系统清洁、通畅，按润滑图表所示位置加注润滑油或脂，严格执行"五定""三级过滤"规定。

（3）按操作规程开停车，认真控制各项工艺指标，如压力、温度、流量、时间、转速、物料配比等，严禁超温、超压、超负荷运行。

（4）保持密封装置的冷却液清洁、通畅，温度符合要求，密封性能良好。

（5）及时消除跑、冒、滴、漏。

（6）保持周围环境整洁。

（7）停车后做好设备的维护保养。

1.6.2 定期检查内容

定期检查内容见表7-4。

表7-4 定期检查项目

检查项目	检查内容	检查间隔
操作记录本	进行对比、分析、了解、掌握	每周一次
物料	仔细查看物料是否有变色、混有杂质等现象，从而判断设备是否有内漏或锈蚀物脱落	每次出料时
减速机电动机釜体	诊断并判断内部零件有无松脱及损坏	每班一次
釜体支架基础	目视和用水平仪检查，应无下沉、倾斜变形，接地良好	每月两次
进料管压料管	有无堵塞、结疤、腐蚀、变形等现象	每次出料后
压力表温度计液面计	是否完好无损、清晰、准确	每班一次

1.6.3 紧急情况停车

发生下列异常现象之一时，必须紧急停车：

（1）反应釜工作压力、介质温度或壁温超过许用值，采取措施仍得不到有效控制；

（2）反应釜的主要受压元件发生裂缝、鼓包、变形、泄漏等危及安全的缺陷；

（3）安全附件失效；

（4）接管、紧固件损坏，难以保证安全运行；

（5）发生火灾等意外情况，直接威胁到反应釜安全运行；

（6）过量进料；

（7）液位失去控制，采取措施仍得不到有效控制；

（8）反应釜与管道发生严重振动，危及安全运行。

任务四　异常现象的判断与处理

学习目标：

知识目标：独立处理反应器操作中出现的各种问题，解决反应器操作中的工艺难题，从而大大缩短学生与工作岗位之间的能力距离。

任务实施：

知识准备：异常现象排除技能训练。

故障设置及处理表

序号	故障现象	产生原因分析	处理思路	解决办法	备注
1	釜式反应器液面降低无进料	进料泵停转或进料转子流量计卡住			
2	釜式反应器内温度越来越低	加热器断电或有漏液现象、热水泵停转等			
3	釜式反应器或水罐内温度越来越低	热水泵停转或加热器断电			
4	釜式反应器内液面降低无进料	进料泵停转或进料转子流量计卡住			
5	仪表柜突然断电	有漏电现象或总电源关闭			
6	釜式反应器内搅拌停止	电机或轴封损坏			

间歇式反应釜操作技能训练方案

实训班级：　　　　　　　　　　　　指导教师：

实训时间：　　年　　月　　日，　　节课。

实训时间：

实训设备：

职业危害：

实训目的：

（1）掌握间歇式反应釜的安全操作技能。

（2）了解间歇式反应釜常见故障及处理方法。

（3）加强安全操作意识，体现团队合作精神。

实训前准备：

(1) 配每套设备上不超过6人，3人一组，1人为组长，1人作故障记录，1人主操。分工协作，共同完成。

(2) 查受训学员劳动保护用品佩戴是否符合安全要求。

(3) 查实训设备是否完好。

教学方法与过程：

(1) 和实际操作同时进行，在明确实训任务的前提下，老师一边讲解一边操作，同时学生跟着操作。

(2) 每组学员分别练习，教师辅导。

(3) 学生根据间歇式反应釜操作技能评价表自我评价，交回本表。

(4) 教师评价，并与学员讨论解决操作中遇到的故障。

技能实训1　认识间歇式反应釜的工作流程

实训目标：熟悉间歇式反应釜的工作流程，认识各种阀门、监测仪表。

实训方法：手指口述，能准确复述个设备的名称和作用。

技能实训2　间歇式反应釜的开车操作

实训目标：掌握正确的开车操作步骤，了解相应的操作原理。

实训方法：按照实操规程（步骤）进行练习。

技能实训3　间歇式反应釜的正常操作

实训目标：掌握间歇式反应釜正常运行时的工艺指标及相互影响关系，了解运行过程中常见的异常现象及处理方法。

实训方法：改变温度，观察压力表指针变化情况，分析其变化原因。对运行过程中常见的不正常现象进行讨论，分析故障并给出解决问题的方案。

技能实训4　间歇式反应釜的正常停车

实训目标：掌握间歇式反应釜的停车操作步骤。

实训方法：按照实操规程（步骤）进行练习。

技能实训5　讨论故障并处理

实训目的：

(1) 掌握间歇式反应釜常见故障排除方法。

(2) 训练学员发现问题解决问题的能力。

实训方法：

(1) 汇集各个小组的故障记录，大家一起讨论解决的方法。

(2) 通过实践，记录有效的故障排除方法，指导以后的学员。

间歇式反应釜操作技能评价表

技能实训名称	间歇式反应釜操作技能实训	班级		指导教师	
		时间		小组成员	
		组长			

实训任务	考核项目	分值	自评得分	教师评分
间歇式反应釜的工作流程	指出间歇式反应釜个设备表及调节系统	10		
间歇式反应釜的开车操作	1. 熟悉开车前准备工作	10		
	2. 掌握开车操作步骤	20		
间歇式反应釜的正常操作	1. 会判断系统达到稳定的方法	10		
	2. 掌握反应温度的调节方法	20		
	3. 掌握温度对反应的影响	10		
间歇式反应釜的正常停车	掌握间歇式反应釜的正常停车操作步骤	20		
综 合 评 价		100		

项目八　流化床反应器装置操作

任务一　生产准备

学习目标：

　　(1) 能指出页面中所有装置的名称；
　　(2) 能简单描述出页面中装置的作用；
　　(3) 能按照步骤完成操作；
　　(4) 根据仿真练习能初步掌握流化床的操作和故障处理方法。

任务实施：

仿真练习

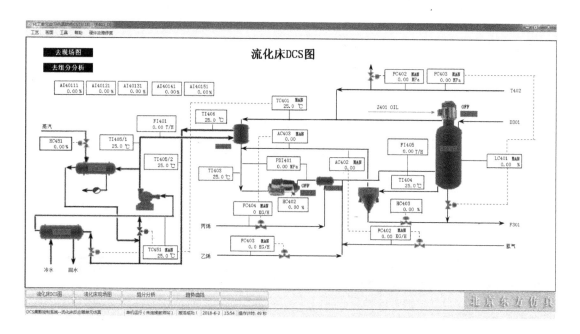

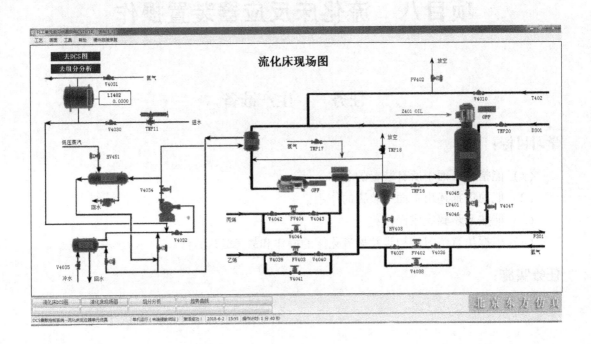

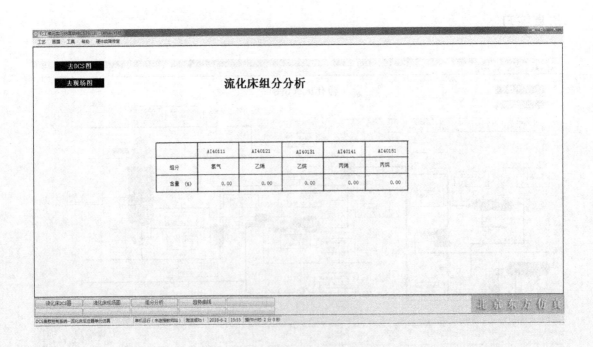

操作过程详单

单元过程	步　　骤
流化床反应器 的冷态开车	开车准备——氮气充压加热： （1）打开充氮阀 TMP17，用氮气为反应器系统充压； （2）当氮充压至 0.1MPa，启动共聚压缩机 C401； （3）导流叶片 HC402 定在 40%； （4）打开充水阀 V4030； （5）打开充压阀 V4031； （6）当水罐液位大于 10% 时，打开泵进口阀 V4032； （7）启动泵 P401； （8）调节泵出口阀 V4034 至 60% 开度； （9）冷却水循环流量 FI401 达到 56t/h 左右； （10）打开反应器至旋分器阀 TMP16； （11）手动开低压蒸汽阀 HC451，启动换热器 E-409； （12）打开循环水阀 V4035； （13）循环氮气温度 TC401 达到 70℃ 左右时，TC451 投自动； （14）TC451 设定值 68℃。 开车准备——氮气循环： （1）当压力充至 0.7MPa，关充氮阀 TMP17； （2）在不停压缩机的情况下，用 PC402 排放； （3）在不停压缩机的情况下，用放空阀 TMP18 排放； （4）等待压力放空； （5）调节 TC451，使反应器气相出口温度 TC401，维持在 70℃。 开车准备——乙烯充压： （1）关闭排放阀 PV402； （2）关闭排放阀 TMP18； （3）打开 FV403 前阀 V4039； （4）打开 FV403 后阀 V4040； （5）由 FC403 开ค乙烯进料； （6）乙烯进料量达到 567kg/h 左右时，FC403 投自动，设定在 567kg/h； （7）乙烯进料，等待充压至 0.25MPa； （8）调节 TIC451，使反应器气相出口温度 TC401，维持在 70℃。 干态运行开车——反应进料： （1）打开 FV402 前阀 V4036； （2）打开 FV402 后阀 V4037； （3）将氢气的进料阀 FV402 设定为自动； （4）FC402 设定为 0.102kg/h； （5）打开 FV404 前阀 V4032； （6）打开 FV404 后阀 V4033； （7）当系统压力升到 0.5MPa 时，将丙烯进料阀 FV404 置为自动； （8）将 FC404 设定为 400kg/h； （9）打开进料阀 V4010； （10）当压力升至 0.8MPa 时，打开 S-401 底部阀 HV403 至开度为 20%；

单元过程	步　　骤
流化床反应器 的冷态开车	（11）调节 TC451，使反应器气相出口温度 TC401，维持在 70℃。 干态运行开车——准备接受 D301 来的均聚物： （1）再次加入丙烯，将 FV404 改为手动； （2）使 FV404 开度为 85%； （3）调节 HV403 开度至 25%； （4）启动共聚反应器的刮刀； （5）调节 TC451，使反应器气相出口温度 TC401，维持在 70℃。 共聚反应的开车： （1）当压力达到 1.2MPa，打开 HV403 在 40%，以维持流态化； （2）打开 LV401 前阀 V4045； （3）打开 LV401 后阀 V4046； （4）打开 LV401 在 20%~25%，以维持流态化； （5）打开来自 D-301 的聚合物进料阀 TMP20； （6）停低压加热蒸汽，关闭 HV451； （7）调节 TC451，使反应器气相出口温度 TC401，维持在 70℃。 稳定状态的过渡： （1）及时调节 TC451 设定值，维持 TC401 温度在 70℃； （2）反应系统压力达到 1.35MPa 时，PC402 调自动； （3）将 PC402 设定值置为 1.35MPa； （4）手动开启 LV401 至 30%，让共聚物稳定地流经此阀； （5）当料位达到 60% 时，将调节器 LC401 投自动； （6）将 LC401 设定值为 60； （7）反应器料位 LC401 稳定在 60% 左右； （8）缓慢提高 PC402 的设定值至 1.4MPa； （9）维持系统压力在 1.35MPa； （10）将 TC401 置为自动模式； （11）将 TC401 设定值为 70℃； （12）将 TC401 与 TC451 置为串级控制； （13）将 PC403 置为自动模式； （14）将 PC403 设定值置为 1.35MPa； （15）压力和组成趋于稳定时，将 LC401 和 PC403 投串级； （16）将 AC403 置为自动模式； （17）FC404 和 AC403 串级联结； （18）将 AC402 置为自动模式； （19）FC402 和 AC402 串级联结。 扣分项目： （1）错误关闭共聚压缩机 C401； （2）反应器溢出； （3）反应器液位过低； （4）反应器液位泄空； （5）反应器液位过高； （6）系统压力过高； （7）系统压力过低；

续表

单元过程	步　骤
流化床反应器的冷态开车	（8）TC401 温度过高； （9）TC401 温度过低
流化床反应器的正常停车	降反应器料位： （1）关闭 D301 活性聚丙烯的来料阀 TMP20； （2）手动缓慢调节反应器料位（调节 LV401）； （3）反应器料位小于 10。 关闭乙烯进料，保压： （1）当反应器料位降至 10%，关乙烯进料阀 FV403； （2）关闭 FV403 前阀 V4039； （3）关闭 FV403 后阀 V4040； （4）料位降为零； （5）当反应器料位降至 0%，关反应器出口阀 LV401； （6）关闭 LV401 前阀 V4045； （7）关闭 LV401 后阀 V4046； （8）关旋风分离器 S-401 上的出口阀 HC403。 关丙烯及氢气进料： （1）手动切断丙烯进料阀 PV404； （2）关闭 FV404 前阀 V4042； （3）关闭 FV404 后阀 V4043； （4）手动切断氢气进料阀 FV402； （5）关闭 FV402 前阀 V4046； （6）关闭 FV402 后阀 V4047； （7）PV402 开度>80，排放导压至火炬； （8）压力卸掉； （9）压力卸掉，关闭 PV402； （10）停反应器刮刀 A401。 氮气吹扫： （1）打开 TMP17，将氮气加入该系统； （2）氮气加入该系统压力到 0.35，关闭 TMP17； （3）打开 PV402 放火炬； （4）停压缩机 C-401； （5）压力卸掉。 扣分项目： （1）错误重新加料； （2）停压缩机 C-401 后重新启动； （3）反应器料位太高； （4）反应器压力太高； （5）反应料位大于 10%时，关闭乙烯进料阀 FV403； （6）反应料位大于 10%时，关闭丙烯进料阀 FV404； （7）反应料位大于 10%时，关闭氢气进料阀 FV402

续表

单元过程		步　骤
流化床反应器 的正常运行		质量评分： （1）使 H_2 进量 FC402 稳定在 0.35kg/h 左右； （2）使乙烯 FC403 进量稳定在 567kg/h 左右； （3）使丙烯 FC404 进量稳定在 400kg/h 左右； （4）使反应器气相出口温度 TC401 维持在 70℃左右； （5）使系统压力 PC402 稳定在 1.35MPa 左右； （6）使反应器的液位 LC401 稳定在 60%左右； （7）使反应器的进料流量 FI405 稳定在 120t/h 左右； （8）使 E401 循环水入口流量 FI401 稳定在 56t/h 左右； （9）使水罐的液位 LI402 稳定在 95%左右； （10）使 E401 循环气出口温度 TI403 稳定在 60℃左右； （11）使原料气进料温度 TI404 稳定在 60℃左右； （12）R401 未反应气中的 H_2 含量 AI40111； （13）R401 未反应气中的 C_2H_4 含量 AI40121； （14）R401 未反应气中的 C_2H_6 含量 AI40131； （15）R401 未反应气中的 C_3H_6 含量 AI40141； （16）R401 未反应气中的 C_3H_8 含量 AI40151； （17）起始分数清零； （18）时间超过 3 分钟； （19）时间超过 6 分钟； （20）时间超过 9 分钟； （21）时间超过 12 分钟； （22）时间超过 14 分钟 40 秒。 扣分项目： （1）错误关闭共聚压缩机 C401； （2）反应器溢出； （3）反应器液位过低； （4）反应器液位泄空； （5）反应器液位过高； （6）系统压力过高； （7）系统压力过低； （8）TC401 温度过高； （9）TC401 温度过低
流化床反 应器常 见故障	D301 供 料停	手动关闭 LV401： （1）将 LC401 改为手动； （2）手动关闭 LV401。 手动关小丙烯进料： （1）将 FC404 改为手动； （2）手动关小丙烯进料。 手动关小乙烯进料： （1）将 FC403 改为手动； （2）手动关小乙烯进料。

单元过程		步　骤
流化床反应器常见故障	D301 供料停	手动调节压力： （1）系统压力 PC402； （2）反应器料位 LC401。 扣分项目： （1）反应器料位太低； （2）反应器压力太低； （3）反应器料位太高； （4）反应器压力太高； （5）反应温度 TC401 太高； （6）反应温度 TC401 太低
	泵 P401 停	增加丙烯进料量： （1）将 FC404 改为手动； （2）调节丙烯进料阀 FV404，增加丙烯进料量。 调节 PC402，维持反应系统压力： 调节 PC402，维持反应系统压力。 增加乙烯进料量，维持 C_2/C_3 比： （1）将 FC403 改为手动； （2）调节 FV403，增加乙烯进料量，维持 C_2/C_3 比。 扣分项目： （1）反应器料位超低； （2）反应器压力超低； （3）反应器料位太高； （4）反应器压力太高
	丙烯进料停	手动关小乙烯进料量，维持 C_2/C_3 比： （1）将 FC403 改为手动； （2）手动关小乙烯进料量，维持 C_2/C_3 比。 关 D301 来料阀 TMP20： 关 D301 活性聚丙烯来料阀 TMP20。 手动关小 PV402，维持压力： 手动关小 PV402，维持压力。 手动关小 LC401，维持料位： （1）将 LC401 改为手动； （2）手动关小 LC401，维持料位； （3）反应系统料位 LC401。 扣分项目： （1）反应器料位太低； （2）反应器压力太低； （3）反应器料位太高； （4）反应器压力太高； （5）反应温度 TC401 太高； （6）反应温度 TC401 太低

续表

单元过程		步　骤
流化床反应器常见故障	压缩机 C-401 停	关 D301 来料阀 TMP20； 　关 D301 活性聚丙烯来料阀 TMP20。 手动调节 PC402，维持系统压力： 　（1）将 PC402 改为手动； 　（2）手动调节 PC402，维持系统压力。 手动调节 LC401，维持反应器料位： 　（1）将 LC401 改为手动； 　（2）手动调节 LC401，维持反应器料位； 　（3）反应器料位 LC401。 扣分项目： 　（1）反应器压力太低； 　（2）反应器料位太低； 　（3）反应器料位太高； 　（4）反应器压力太高； 　（5）反应温度 TC401 太高； 　（6）反应温度 TC401 太低
	乙烯进料停	手动关丙烯进料，维持 C_2/C_3 比： 　（1）将 FC404 改为手动； 　（2）手动关丙烯进料，维持 C_2/C_3 比。 手动关小氢气进料，维持 H_2/C_2 比： 　（1）将 FC402 改为手动； 　（2）手动关小氢气进料，维持 H_2/C_2 比； 　（3）维持系统压力 PC402； 　（4）反应温度 TC401。 扣分项目： 　（1）反应器料位太低； 　（2）反应器压力太低； 　（3）反应器料位太高； 　（4）反应器压力太高； 　（5）反应温度 TC401 太高； 　（6）反应温度 TC401 太低

任务二　装置操作

学习目标：

一、知识目标

（1）能概述流化床反应器装置的开车操作规程。

（2）能概述流化床反应器装置的停车操作规程。

（3）能列举交接班记录的基本要素。

二、技能目标

（1）能按照操作规程要求完成流化床反应器装置的开车操作。

（2）能完成本岗位交接班记录，完成穿戴个人防护用品。

（3）正常操作的情况下能根据生产需要完成流化床反应器装置各项指标的调控以及生产负荷的调控；按要求记录装置运行的工艺参数。

（4）能按照操作规程要求完成流化床反应器装置的停车操作。

任务实施：

1 工艺流程简介

1.1 工作原理

流化床反应器是固体流态化技术在化学反应器中的具体应用，很高的传热效率和很大的流体与固体接触面积使得床层的温度分布均匀，反应过程可在最佳温度点操作。因此，生产能力大大提高。

流化床反应器具有以下特点：

（1）颗粒剧烈搅动和混合，整个床层处于恒温状态，可在最佳温度点操作；

（2）传热强度高，适宜于强吸热或放热反应；

（3）颗粒比较细小，有效系数高，可减少催化剂用量，更换催化剂方便；

（4）压降恒定，不易受异物堵塞；

（5）返混较严重，不适宜于高转化率过程；

（6）设备精度要求较高。

1.2 流程说明

流化床反应器工艺操作实训取材于 HIMONT 工艺本体聚合装置，用于生产高抗冲击共聚物。来自闪蒸罐的具有剩余活性的干均聚物聚丙烯，在压差作用下流到该气相共聚反应器 R101，聚合物从顶部流入流化床反应器，落在流化床的床层上。在气体分析仪的控制下，氢气被加到乙烯进料管道中，以改进聚合物的本征黏度，满足加工需要。

流化气体和反应单体通过一个特殊设计的栅板进入反应器 R101，整个过程中氢气和丙烯的补充量根据工业色谱仪的分析结果进行调节，丙烯进料量以保证反应器的进料气体满足工艺要求为准。由反应器底部出口管路上的控制阀 LV100 来维持聚合物的料位。聚合物料位决定了停留时间，也决定了聚合反应的程度。为了避免过度聚合的鳞片状产物堆积在反应器壁上，反应器内配置一转速较慢的刮刀 A101，以使反应器壁保持干净。栅板下部夹带的聚合物细末用一台小型旋风分离器 X101 除去，并送到下游的袋式过滤器中。

共聚物的反应压力约为 1.4MPa，70℃（注意）时该系统压力位于闪蒸罐压力和袋式过滤器压力之间，从而在整个聚合物管路中形成一定压力梯度，以避免容器间物料的返混并使聚合物向前流动。循环气压缩机 C101 前的冷却器 E103 用脱盐水作介质，冷却循环气，导出聚合反应过程产生的热量。

乙烯、丙烯以及反应混合气在一定的温度（70℃）、一定的压力（1.35MPa）下，通过具有剩余活性的干均聚物（聚丙烯）的引发，在流化床反应器里进行反应，同时加入氢气以改善共聚物的本征黏度，生成高抗冲击共聚物。

主要原料：乙烯、丙烯、氢气，具有剩余活性的干均聚物（聚丙烯）。

主产物：高抗冲击共聚物（具有乙烯和丙烯单体的共聚物）。

2　冷态开车规程

2.1　开车准备

准备工作包括系统中用氮气充压，循环加热氮气，随后用乙烯对系统进行置换。这一过程完成之后，系统将准备开始单体开车。

2.2　系统氮气充压加热

（1）充氮。打开充氮阀 V02C101 和 V03C101，用氮气给反应器系统充压，当系统压力达 0.7MPa 时，关闭充氮阀。

（2）当氮充压至 0.1MPa 时，按照正确的操作规程，启动 C101 共聚循环气体压缩机（先全开反飞动阀 V01C101，再按启动按钮），逐渐调节压缩机出口压力，将导流阀门 V03C101 定在 50%。

（3）环管充液。启动压缩机后，开氮封阀 V01V100，开进水阀 V02V100，给水罐充液。

（4）当水罐液位大于 10% 时，开泵 P101A/B 入口阀 V01P101A/B，启动泵 P101A/B，打开泵出口阀 V02P101A/B，当水罐液位达到 50% 后，关闭进水阀 V02V100。

（5）手动开低压蒸汽阀 V01E101，启动换热器 E101，加热循环氮气。

（6）打开循环水阀 V01E102。

（7）手动调节 TIC101 的开度，调节循环氮气温度达到 75℃ 左右，投自动。

2.3　氮气循环

（1）当反应系统压力达 0.7MPa 时，关充氮阀。

（2）在不停压缩机的情况下，用 PV101 和排放阀 V02X101 给反应系统泄压至 0.0MPa。

（3）在充氮泄压操作中，不断调节 TIC101 设定值，维持 TI101 温度在 75℃ 左右。

2.4　乙烯充压

（1）打开所有控制表的前后阀，当系统压力降至 0.0MPa 时，关闭 PV101 和排放阀 V02X101。

（2）由 FIC101 开始乙烯进料，乙烯进料量设定在 5670kg/h 时投自动调节，乙烯使系统压力充至 0.25MPa。

2.5 干态运行开车

本规程旨在聚合物进入之前，共聚集反应系统具备合适的单体浓度，另外通过该步骤也可以在实际工艺条件下，预先对仪表进行操作和调节。

2.5.1 反应进料

（1）当乙烯充压至 0.25MPa 时，打开氢气的进料阀 FV102，氢气进料设定在 3.5kg/h，FIC102 投自动控制。

（2）当系统压力升至 0.5MPa 时，打开丙烯进料阀 FIC100，丙烯进料设定在 4000kg/h，FIC100 投自动控制。

当系统压力升至 0.8MPa 时，打开旋风分离器 F101 底部阀 V03X101，维持系统压力缓慢上升。

2.5.2 准备接收均聚物

（1）当 AIC100 和 AIC101 平稳后，开大阀 V03X101 至开度为 25%。

（2）调节 FIC101 开度至 25%。

（3）启动共聚反应器的刮刀 A101，打开阀 V01X101（开度为 50%），准备接收从闪蒸罐来的均聚物。

2.6 共聚反应物的开车

（1）确认系统温度 TIC101 维持在 75℃左右。

（2）当系统压力升至 1.2MPa 时，开大 V03X101 在 40%，LIC100 在 10%～15%，以维持流态化。

（3）打开聚合物进料阀 V01R101。

（4）停低压加热蒸汽，关闭 V01E101。

2.7 稳定状态的过渡

2.7.1 反应器的料位

（1）随着 R101 料位的增加，系统温度将升高，及时降低 TIC101 的设定值，取走反应热，维持 TIC101 温度在 75℃左右。

（2）调节反应系统压力在 1.3MPa 时将 PIC101 投自动。

（3）手动开启 LIC100 至 30%，让共聚物稳定地流过此阀。

（4）当料位达到 55% 时将 LIC100 设置投自动。

（5）随系统压力的增加，料位将缓慢下降，PIC101 调节阀自动开大，维持系统压力在 1.3MPa。

（6）当 LIC100 在 55% 投自动控制后，调节 TIC101 的设定值，待 TI101 稳定在 75℃左右时，TIC101 自动控制。

2.7.2 反应器压力和气相组成控制

（1）FIC100 和 AIC100 构成串级，当压力稳定，且 AIC100 接近正常值 61.8 时，将 FIC100 投串级，AIC100 投自动。

（2）FIC102 和 AIC101 构成串级，当压力稳定，且 AIC101 接近正常值 61.8 时，将

FIC102 投串级，AIC101 投自动。

3 正常操作规程

正常工况下的工艺参数：

(1) FIC102。调节氢气进料量（与 AIC101 串级）正常值：3.5kg/h。

(2) FIC101。单回路调节乙烯进料量正常值：5670.0kg/h。

(3) FC100。调节丙烯进料量（与 AIC100 串级）正常值：4000.0kg/h。

(4) PIC101。单回路调节系统压力正常值：1.3MPa。

(5) LIC100。反应器料位（与 PIC102 串级）正常值：55%。

(6) TIC101。主回路调节循环气体温度正常值：75℃。

(7) TIC101。分程调节取走反应热量正常值：75℃。

(8) A1C101。主回路调节反应产物中（H_2+C_3)/C_2 之比正常值：61.7972。

(9) AC100。主回路调节反应产物中 $C_2/(C_2+C_3)$ 之比正常值：61.7896。

4 停车操作规程

4.1 降反应器料位

(1) 关闭催化剂来料阀 V01R101。

(2) 手动缓慢调节反应器料位。将所有串级和自动表投手动控制，打开泄料阀 V02R101。

4.2 关闭乙烯进料，保压

(1) 当反应器料位降至 10%，关乙烯进料阀 FV101。

(2) 当反应器料位降至 5%，手动关反应器出口阀 LV100。

(3) 关旋风分离器 X101 上的出口阀 V03X101。

4.3 关丙烯及氢气进料

(1) 手动切断丙烯进料阀 FV100。

(2) 手动切断氢气进料阀 FV102。

(3) 打开阀 PV101，排放导压至火炬。

(4) 停反应器刮刀 A101。

4.4 氮气吹扫

(1) 微开阀 V02C101，将氮气加入该系统。

(2) 当压力达 0.35MPa 时，关闭充氮阀 V02C101，打开阀 V02X101，旋风分离器排气放火炬。

(3) 停压缩机 C101（先全开反飞动阀 V01C101，再按关机按钮，关闭 V03C101）。

(4) 关闭阀 V01X101，关闭所有控制表的前后阀。TIC101 投手动，关闭泵出口阀 V02P101A，关闭泵 P101A，关闭泵 P101A 入口阀 V01P101A。关氮封阀 V01V100，关闭阀 V01E102。

注：停车完毕，要确认关闭所有阀。

5　岗位要求

5.1　岗位操作的核心和任务

在安全平稳的前提下取得最高的产品收率和最好的产品质量是流化床反应器岗位操作的核心。

掌握好压力、热量、物料三大平衡，维持良好的流化状态，选择适宜的反应条件，保证良好的再生效果，取得较低的能量消耗，使装置安、稳、长、满、优运行是岗位操作的首要任务。

5.2　岗位的特点

流化床反应器岗位是装置工艺生产的核心岗位之一，其操作参数的相互关系十分复杂，各变化因素又相互制约，且该岗位操作的好坏，直接影响其他岗位操作的平稳。因此岗位操作难度大、要求高，在正常工况下要全面分析、精心调节，对于非正常工况，要做到准确判断、及时处理。

再生部分应以最小的代价最大限度地保护和恢复催化剂的活性。最大限度保护就是再生过程失活要尽量小。

5.3　岗位操作必须遵循以下原则

生产中要平稳操作，调节参数要稳妥缓慢，幅度要小，防止系统的波动。

（1）对影响生产的参数必须准确判断，对操作的调整必须准确迅速。严格遵循工艺卡片，在调节过程中坚决执行工艺纪律。

（2）对产生非正常工况的原因要正确分析、及时处理，不得因误操作使事态扩大。

（3）严格的压力平衡不得破坏，严禁各滑阀出现负差压，任何情况下都绝不允许催化剂倒流，当发现系统压力失控时，要迅速切断各单动滑阀，单容器流化。

（4）严禁零藏量操作。

（5）切实执行岗位责任制。

6　工作任务单

项目八	流化床反应器装置操作
任务二	装置操作
班级	
时间	
小组	

续表

任务内容	一、简述流化床反应器启动、停止的操作规程。 二、简述流化床反应器岗位的岗位职责和交接班的基本要素。 三、简述在实际生产中流化床反应器生产负荷的调控方法。 四、简述流化床反应器岗位的安全注意事项。
任务中的疑惑	

任务三　设备的维护与保养

学习目标：

一、知识目标

能概述流化床反应器装置的日常保养维护注意事项。

二、技能目标

能完成对流化床反应器装置常见问题的日常保养。

任务实施：

1　知识准备

1.1　颗粒粒度和组成的控制

颗粒粒度和组成的控制对流态化质量和化学反应转化率有重要影响。

氨氧化制丙烯腈的反应器：要求粒径小于 $44\mu m$ 的"关键组分"粒子占 $20\%\sim40\%$。

措施：安装"造粉器"。

造粉：当发现床层内粒径小于 $44\mu m$ 的粒子少于 12% 时，启动造粉器。造粉器实际上就是一个简单的气流喷枪。它是将压缩空气以大于 300m/s 的流速喷入床层，使黏结的催化剂粒子被粉碎，从而增加粒径小于 $44\mu m$ 离子的含量。

检测：在造粉过程中，要不断从反应器中取出固体颗粒样品，进行粒度和含量的分析，直到细粉含量达到要求为止。

1.2 压力的测量与控制

了解流化床各部位是否正常工作较直观的方法。

对于实验室规模的装置，常用 U 形管压力计，通常压力计的插口需配置过滤器，以防止粉尘进入 U 形管。工业装置上采用带吹扫气的金属管作测压管。测压管直径一般为 $12\sim25.4mm$，为了确保管线不漏气，所有丝接的部位最后都是焊接的，同时也要确保阀门不漏气。

由于流化床呈脉冲式运动，故需要安装有阻尼的压力指示仪表，如压差计、压力表等。有经验的操作者常常能通过测压仪表的运动预测或发现操作故障。

1.3 温度的测量与控制

目标：床内温度分布均匀，符合工艺要求的温度范围、化学反应的最优反应温度。

测量手段：标准的热敏元件，如适应各种范围温度测量的热电偶。

1.4 流量控制

流量控制应保证在最优流化状态下有较高的反应转化率。

一般原则是气量达到最优流态化所需的气速后，应在不超过工艺要求的最高反应温度或不低于工艺要求的最低反应温度的前提下，尽可能提高气体流量，以获得最高的生产能力。

气体流量的测量一般采用孔板流量计，要求被测的气体是清洁的。当气体中含有水、油和固体粉尘时，通常要先净化，然后再进行测量。系统内部的固体颗粒运动通常是被控制的，但一般并不计量。它的调节常常在一个推理的基础上，如根据温度、压力、催化剂活性、气体分析等要求来调整。在许多煅烧操作中，常根据煅烧物料的颜色来控制固体的给料。

1.5 开停车及防止事故的发生

粗颗粒：

细颗粒：容易团聚，尤其是用未经脱油、脱湿的气体流化时。

2 开车程序

正常的开车程序：

(1) 先用被间接加热的空气加热反应器，以便赶走反应器内的湿气，使反应器趋于热稳定状态。

(2) 当反应器达到热稳定状态后，用热空气将催化剂由贮罐输送到反应器内，直至反应器内的催化剂量足以封住一级旋风分离器料腿时，才开始向反应器内送入速度超过临界流化速度不太多的热风（热风进口温度应大于 400℃），直至催化剂量加到规定量的 1/2 ~ 1/3 时，停止输送催化剂，适当加大流态化热风。对于热风的量，应随着床温的升高予以调节，以不大于正常操作气速为度。

（3）当床温达到可以投料反应的温度时，开始投料。如果是放热反应，随着反应的进行，逐步降低进气温度，直至切断热源，送入常温气体。如果有过剩的热能，可以提高进气温度，以便回收高值热能的余热，只要工艺许可，应尽可能实行。

（4）当反应和换热系统都调整到正常的操作状态后，再逐步将未加入的 1/2 ~ 1/3 催化剂送入床内，并逐渐把反应操作调整到要求的工艺状况。

3　工作任务单

项目八	流化床反应器装置操作
任务三	设备的维护与保养
班级	
时间	
小组	
任务内容	一、流化床反应器日常运行中应当注意的事项。 二、颗粒控制的要点是什么？ 三、如何进行压力的测量？ 四、如何进行温度和流量的测量？
任务中的疑惑	

任务四　异常现象的判断与处理

学习目标：

一、知识目标

（1）能概述沟流现象产生的原因，概述防止沟流现象的措施。
（2）能概述大气泡现象产生的原因，概述处理大气泡现象的措施。
（3）能概述流化床反应器常见故障现象产生的原因。

二、技能目标

（1）能完成流化床反应器的异常现象的报告，完成流化床沟流现象的识别，掌握防止沟流现象的方法。
（2）能掌握大气泡现象的识别，能完成大气泡现象的处理。
（3）能完成对腾涌现象的处理。
（4）能完成流化床反应器常见故障现象的识别。

任务实施：

1　知识准备

1.1　沟流现象

沟流现象的特征是气体通过床层时形成短路。沟流有两种情况：图 8-1（a）所示的贯穿沟流和图 8-1（b）所示的局部沟流。

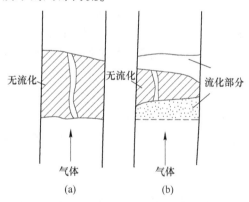

图 8-1　流化床中的沟流现象
（a）贯穿沟流；（b）局部沟流

（1）沟流对反应过程的影响：沟流现象发生时，大部分气体没有与固体颗粒很好接触就通过了床层，这在催化反应时会引起催化反应的转化率降低。由于部分颗粒没有流化或流化不好，造成床层温度不均匀，从而引起催化剂的烧结，降低催化剂的寿命和效率。

（2）沟流现象产生的原因：主要与颗粒特性和气体分布板的结构有关。下列情况容易产生沟流：颗粒的粒度很细（粒径小于 $40\mu m$）、密度大且气速很低时；潮湿的物料和易于黏结的物料；气体分布板设计不好，布气不均，如孔太少或各个风帽阻力大小差别较大。

（3）消除沟流的方法：应对物料预先进行干燥并适当加大气速，另外分布板的合理设计也是十分重要的。还应注意风帽的制造、加工和安装，以免通过风帽的流体阻力相差过大而造成布气不均。

1.2　大气泡现象

（1）大气泡的特征：床层中大气泡很多，气泡不断搅动和破裂，床层波动大，操作不稳定，气固间接触不好，就会使气固反应效率降低。

（2）产生的原因：通常床层较高，气速较大时容易产生大气泡现象。

（3）处理方法：在床层内加设内部构件可以避免产生大气泡，促使平稳流化。

1.3　腾涌（节涌）现象

（1）腾涌现象的特征：就是气泡直径大到与床径相等，将床层分为几段，变成一段气泡和一段颗粒的相互间隔状态。此时颗粒层被气泡像活塞一样向上推动，达到一定高度后气泡破裂，引起部分颗粒的分散下落。腾涌发生时，床层的均匀性被破坏，使气固相的接触不良，严重影响产品的产量和质量，并且器壁磨损加剧，引起设备的振动。

（2）产生的原因：出现腾涌现象时，由于颗粒层与器壁的摩擦造成压降大于理论值，而气泡破裂时又低于理论值，即压降在理论值上下大幅度波动。一般来说，床层越高、容器直径越小、颗粒越大、气速越高，越容易发生腾涌现象。

（3）处理方法：在床层过高时，可以增设挡板以破坏气泡的长大，避免腾涌发生。

1.4　常见故障原因分析及处理

流化床反应器的使用过程中，床层上的柱状催化剂在气液相的湍动中激烈运动，上下反复运动，和流体具有一样运动模式。反应器内气体和柱状催化剂在装备横向混合度很大，由于柱状催化剂的磨蚀作用，管子和容器的磨损也很厉害，所以易发生以下故障。

1.4.1　泵表不起压

现象：泵表不起压。

原因：泵前过滤装置及泵入出口阀芯不通，盘根漏，泵内有气。

处理：清理泵前过滤装置及泵入出口阀芯，更换盘根，排尽泵内空气。

1.4.2　没电流不加热

现象：没电流不加热。

原因：可能是电路接触不良，仪表出故障，开关、保险管坏，导热油加热器坏。

处理：检查、更换出故障的仪表、开关、保险环；若仪表正常，开关良好，各对应的保险良好时，请示仪表工、电工进行处理。

1.4.3　仪表与实际温度异常

现象：仪表显示常温或温度稍低，但实际加热炉超温、冒烟。

原因：热电偶插入到位，热电偶失灵。

处理：将热电偶插入到位，更换热电偶。

1.4.4 反应温度过高

现象：反应温度过高。

原因：仪表失灵，加料量过大，汽包缺水，换热管结垢或堵塞；循环氢气量小。

处理：校验、修理或更换仪表；减小或停止原料进料空速，待反应温度恢复正常后再缓慢恢复加料；查明原因，对症处理；查明结垢、堵塞原因，疏通换热管并清除污垢；加大循环氢气量。

2　工作任务单

项目八	流化床反应器装置操作
任务四	异常现象的判断与处理
班级	
时间	
小组	
任务内容	一、概述沟流现象及防止沟流现象的方法。 二、说出大气泡现象发生的原因和处理方法。 三、概述腾涌现象及处理方法。 四、说出流化床反应器装置常见的故障及处理方法。
任务中的疑惑	

流化床反应器装置技能训练方案

实训班级：   指导教师：
实训时间：   年   月   日，   节课。
实训时间：
实训方式：

实训目的：

（1）掌握流化床反应器操作技能。

（2）了解流化床反应器常见故障及处理方法。

教学方法与过程：

由于流化床反应器装置操作现阶段很难实现学校实训，采用学校仿真练习为主，结合后续工厂见习的方式进行学习。

（1）在明确实训任务的前提下，老师一边讲解一边操作，同时学生跟着操作。

（2）每组学员分别练习，教师辅导。

（3）学生根据流化床反应器装置操作技能评价表自我评价，交回本表。

（4）教师评价，并与学员讨论解决操作中遇到的故障。

技能实训1   认识流化床反应器的工作流程

实训目标：熟悉流化床反应器的工作流程，认识各种装置，监测仪表。

实训方法：手指口述，给同学讲述每个装置的作用和操作注意事项。

技能实训2   流化床反应器的开车操作

实训目标：掌握正确的开车操作步骤，了解相应的操作原理。

实训方法：按照实操规程（步骤）进行练习。

1. 开车准备工作

准备工作包括系统中用氮气充压，循环加热氮气，随后用乙烯对系统进行置换（用乙烯置换系统要进行两次）。这一过程完成后，系统将准备开始单体开车。

（1）系统氮气充压加热：

1）充氮。打开充氮阀，用氮气给反应器系统充压，当系统压力达 0.7MPa（表压）时关闭充氮阀。

2）当氮充压至 0.1MPa（表压）时，启动共聚循环气体压缩机，将导流叶片（HIC402）定在 40%。

3）环管充液。启动压缩机后，开进水阀 V4030 给水罐充液，开氮封阀 V4031。

4）当水罐液位大于 10%时，开泵 P401 入口阀 V4032，启动泵 P401，调节泵出口阀 V4034 至 60%开度。

5）手动开低压蒸汽阀 HC451，启动换热器 E409，加热循环氮气。

6）打开循环水阀 V4035。

7）当循环氮气温度达到 70℃时，TC451 投自动，调节其设定值，维持气温度 TC401 在 70℃左右。

（2）氮气循环：

1）当反应系统压力达 0.7MPa 时，关闭氮阀。

2）在不停压缩机的情况下，用 PIC402 和排放阀给反应系统泄压至 0（表压）。

3）在充氮泄压操作中，不断调节 TC451 设定值，维持 TC401 温度在 70℃左右。

（3）乙烯充压：

1）当系统压力降至 0（表压）时，关闭排放阀。

2）由 FC403 开始乙烯进料，乙烯进料量设定在 567.0kg/h 时自动调节，乙烯使系统压力充至 0.25MPa（表压）。

2. 开车操作步骤

（1）反应进料：

1）当乙烯充压至 0.25MPa（表压）时，启动氢气的进料阀 FV402，氢气进料设定在 0.102kg/h，FC402 投自动控制。

2）当系统压力升至 0.5MPa（表压）时，启动丙烯进料阀 FV404，丙烯进料阀设定在 400kg/h，FC404 投自动控制。

3）打开乙烯气体提升塔的进料阀 V4010。

4）当系统压力升至 0.5MPa（表压）时，打开旋风分离器 S401 底部阀 FC403 至 20% 开度，维持系统压力缓慢上升。

（2）准备接受 D301 的均聚物：

1）当 AC402 和 AC403 平稳后，调节 FC403 开度至 25%。

2）启动共聚反应器的刮刀，准备接收闪蒸罐 D301 的均聚物。

（3）共聚反应物的开车：

1）确认系统温度 TC451 维持在 70℃左右。

2）当系统压力升至 1.2MPa（表压）时，开大 FC403 开度至 40% 和 LV401 在 10%~ 15%，以维持流态化。

3）打开来自 D301 的聚合物进料阀 TMP20。

3. 稳定状态的过渡

（1）反应器的液位：

1）随着 R401 料位的增加，系统温度将升高，及时降低 TC451 的设定值，不断取走反应热，维持 TC401 温度在 70℃左右。

2）调节反应系统压力在 1.35MPa（表压）时，PC402 自动控制。

3）当液位达到 60%时，将 LC401 设置投自动。

4）随系统压力的增加，料位将缓慢下降，PC402 调节阀自动开大，为了维持系统压力在 1.35MPa，缓慢提高 PC402 的设定值至 1.40MPa（表压）。

5）当 LC401 在 60% 投自动控制后，调节 TC45 的设定值，待 TC401 稳定在 70℃左右时，TC401 与 TC451 串级控制。

（2）反应器压力和气相组成控制：

1）压力和组成趋势稳定时，将 LC401 和 PC403 串级（连接）。

2）FC404 和 AC403 串级连接。

3）FC402 和 AC402 串级连接。

技能实训 3　流化床反应器的正常操作

实训目标：掌握流化床反应器正常运行时的工艺指标及相互影响关系，了解运行过程中常见的异常现象及处理方法。

实训方法：正常工况下的工艺参数如下：

FC402：调节氢气进料量		正常值：0.35kg/h
FC403：单回路调节乙烯进料量		正常值：567.0kg/h
FC404：调节丙烯进料量		正常值：400.0kg/h
PC402：单回路调节系统压力		正常值：1.4MPa
PC403：主回路调节系统压力		正常值：1.35MPa
LC401：反应器料位		正常值：60%
TC401：主回路调节循环气体温度		正常值：70℃
TC451：分程调节取走反应热量		正常值：50℃
AC402：主回路调节反应产物中氢气与碳二之比		正常值：0.18
AC403：主回路调节反应产物中碳二与碳三碳四之比		正常值：0.38

技能实训 4　流化床反应器的正常停车

实训方法：按照仿真实操规程（步骤）进行练习。

（1）降反应器料位：

1）关闭催化剂来料阀 TMP20；2）手动缓慢调节反应器料位。

（2）关闭乙烯进料，保压：

1）当反应器料位降至 10%，关乙烯进料；2）当反应器料位降至 0，关反应器出口阀；3）关旋风分离器 S401 上的出口阀。

（3）关丙烯及氢气进料：

1）手动切断丙烯进料阀；2）手动切断氢气进料阀；3）排放导压至火炬；4）停反应器刮刀 A401。

（4）氮气吹扫：

1）将氮气加入该系统；2）当压力达 0.35MPa 时放火炬；3）停压缩机 C401。

（5）紧急停车：

紧急停车操作规程与正常停车操作规程相同。

技能实训 5　讨论故障并处理

实训目的：

（1）掌握流化床反应器常见故障排除方法。

（2）训练学员发现问题解决问题的能力。

实训方法：

(1) 汇集各个小组的故障记录，大家一起讨论解决的方法。

(2) 通过实践，记录有效的故障排除方法。

流化床反应器常见故障及处理方法

序号	异常现象	产生故障的原因	排除方法
1	温度调节器 TC451 急剧上升，然后 TC401 随之升高	泵 P401 停	1. 调节丙烯进料阀 FV404，增加丙烯进料； 2. 调节压力调节器 PC402，维持系统压力； 3. 调节乙烯进料阀 FV403，维持 C_2/C_3 比
2	系统压力急剧上升	压缩机 C401 停	1. 关闭催化剂来料阀 TMP20； 2. 手动调节 PC402，维持系统压力； 3. 手动调节 LC401，维持反应器料位
3	丙烯进料量为零	丙烯进料阀卡	1. 手动关小乙烯进料量，维持； 2. 关闭催化剂来料阀 TMP20； 3. 手动关小 PV402，维持压力； 4. 手动关小 LC401，维持料位
4	乙烯进料量为零	乙烯进料阀卡	1. 手动关闭丙烯进料，维持 C_2/C_3 比； 2. 手动关小氢气进料，维持 H_2/C_2 比
5	流量下降	1. 泵内漏入空气 2. 密封环损坏 3. 发生气蚀 4. 叶轮堵塞	1. 停泵后重新灌泵 2. 更换密封环 3. 憋压灌泵处理 4. 停泵检查，排除异物

流化床反应器操作技能评价表

技能实训名称	流化床反应器操作	班级		指导教师			
		时间		小组成员			
		组长					
实训任务	考核项目				分值	自评得分	教师评分
流化床反应器的工作流程	1. 手指口述流化床反应器工作流程。				5		
	2. 指出各个设备的名称和作用。				4		
流化床反应器开车操作	1. 熟悉开车前准备工作。				10		
	2. 掌握开车操作步骤。				20		
	3. 回答什么是沟流现象？防止沟流现象的方法有哪些？				10		
	4. 在开车及运行过程中，为什么一直要保持氮封？				5		
流化床反应器的正常操作	1. 正常运行的关键指标有哪些？				5		
	2. 氢气在共聚过程中起什么作用？				5		
	3. 什么叫流化床？与固定床比有什么特点？				10		
流化床反应器的正常停车	1. 掌握流化床反应器的正常停车操作步骤。				20		
	2. 气相共聚反应的停留时间是如何控制的？				6		
综 合 评 价					100		

项目九　萃取装置操作

任务一　生产准备

学习目标：

(1) 能指出页面中所有装置的名称；

(2) 能简单描述出页面中装置的作用；

(3) 能按照步骤完成冷态开车操作；

(4) 根据仿真练习能初步掌握萃取的操作和故障处理方法。

任务实施：

仿真练习

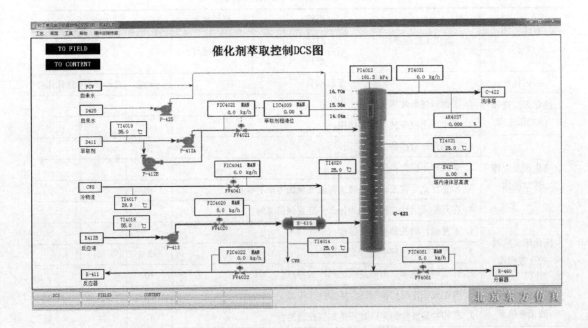

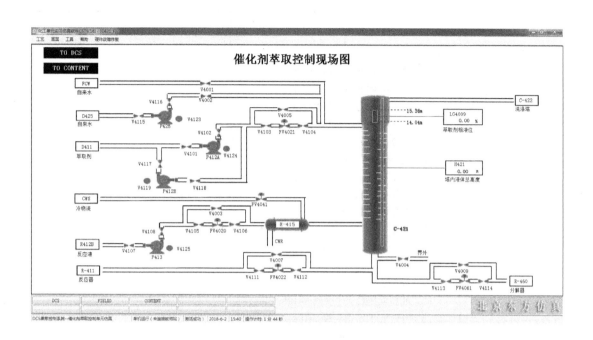

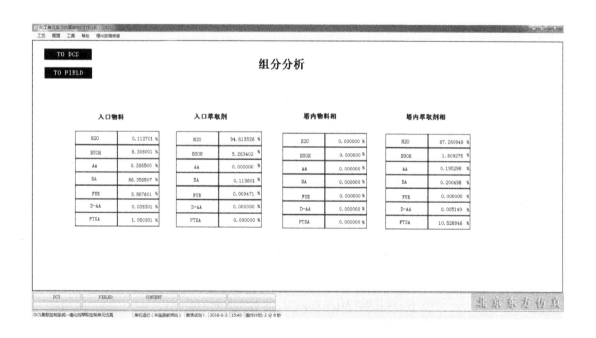

操作过程详单

单元过程	步　骤
萃取的冷态开车	灌水： （1）开启泵 P425 的前阀 V4115； （2）开启泵 P425 的开关阀 V4123； （3）开启泵 P425 的后阀 V4116； （4）开启阀 4002，使其开度大于 50%； （5）当界面液位 LI4009 接近 50 时，关闭阀 V4002； （6）关闭泵 P425 的后阀 V4116； （7）关闭泵 P425 的开关阀 V4123； （8）关闭泵 P425 的前阀 V4115； （9）界面液位 LI4009 大于 40%，小于 60%。 启动换热器： 开启阀 FV4041，使其开度为 50%。 引反应液： （1）开启泵 P413 的前阀 V4107； （2）开启泵 P413 的开关阀 V4125； （3）开启泵 P413 的后阀 V4108； （4）开启调节阀 FV4020 的前阀 V4105； （5）开启调节阀 FV4020 的后阀 V4106； （6）开启调节阀 FV4020，使其开度为 50%。 引萃取剂： （1）打开泵 P412 的前阀 V4101； （2）打开泵 P412 的开关阀 V4124； （3）打开泵 P412 的后阀 V4102； （4）打开调节阀 FV4021 的前阀 V4103； （5）打开调节阀 FV4021 的后阀 V4104； （6）打开调节阀 FV4021，使其开度为 50%。 放萃取液： （1）打开调节阀 FV4022 的前阀 V4111； （2）打开调节阀 FV4022 的后阀 V4112； （3）打开调节阀 FV4022，使其开度为 50%； （4）打开调节阀 FV4061 的前阀 V4113； （5）打开调节阀 FV4061 的后阀 V4114； （6）打开调节阀 FV4061，使其开度为 50%。 调至平衡： （1）FIC4021 接近 2112.7kg/h 时，将 FIC4021 投自动； （2）FIC4020 接近 21126.6kg/h 时，将 FIC4020 投自动； （3）FIC4022 接近 1868.4kg/h 时，将 FIC4022 投自动； （4）FIC4061 接近 77.1kg/h 时，将 FIC4061 投自动； （5）将 FIC4041 投自动，设为 20000kg/A； （6）萃取剂进料量 FIC4021； （7）反应液进料量 FIC4020；

单元过程	步　骤
萃取的冷态开车	（8）返回反应器的萃取剂量 FIC4022； （9）返回分解器的萃取剂量 FIC4061； （10）萃取后反应液出口量 FI4031； （11）界面液位 LIC4009； （12）萃取后物料相内含萃取剂量 PTSA； （13）塔内温度 TI4020。 扣分步骤： （1）LIC4009 超过 80%； （2）FI4031 超过 40000kg/h； （3）萃取后萃取剂相内含丙烯酸丁酯 BA 超过 1%
萃取的正常停车	关闭进料： （1）将 FIC4020 改为手动； （2）将 FV4020 的开度调为 0； （3）关闭调节阀 FV4020 的后阀 V4106； （4）关闭调节阀 FV4020 的前阀 V4105； （5）关闭泵 P413 的开关阀 V4125； （6）关闭泵 P413 的后阀 V4108； （7）关闭泵 P413 的前阀 V4107。 停换热器： （1）将 FIC4041 改为手动； （2）将 FIC4041 关闭。 灌自来水： （1）打开进自来水阀 V4001，使其开度为 50%； （2）当罐内物料相中的 BA 的含量小于 0.9% 时，关闭进水阀 V4001。 停萃取剂： （1）将 LIC4009 改为手动，关闭； （2）将 FIC4021 改为手动，关闭； （3）关闭调节阀 V4021 的后阀 V4104； （4）关闭调节阀 V4021 的前阀 V4103； （5）关闭泵 P412A 的开关阀 V4124； （6）关闭泵 P412A 的后阀 V4102； （7）关闭泵 P412A 的前阀 V4101。 放塔内水相： （1）将 FIC4022 改为手动； （2）将 FV4022 的开度调为 100%； （3）打开调节阀 FV4022 的旁通阀 V4007； （4）将 FIC4061 改为手动； （5）将 FV4061 的开度调为 100%； （6）打开调节阀 FV4061 的旁通阀 V4009； （7）打开阀 V4004； （8）泄液结束，关闭调节阀 FV4022； （9）泄液结束，关闭调节阀 FV4022 的后阀 V4112；

单元过程	步　骤
萃取的正常停车	（10）泄液结束，关闭调节阀 FV4022 的前阀 V4111； （11）泄液结束，关闭现场阀 V4007； （12）泄液结束，关闭调节阀 FV4061； （13）泄液结束，关闭调节阀 FV4061 的后阀 V4114； （14）泄液结束，关闭调节阀 FV4061 的前阀 V4113； （15）泄液结束，关闭现场阀 V4009； （16）泄液结束，关闭阀 V4004
萃取的正常运行	调至平衡： （1）萃取剂进料量 FIC4021； （2）反应液进料量 FIC4020； （3）返回反应器的萃取剂量 FIC4022； （4）返回分解器的萃取剂量 FIC4061； （5）萃取后反应液出口量 FI4031； （6）界面液位 LIC4009； （7）萃取后物料相内含萃取剂量 PTSA； （8）塔内温度 TI4020
萃取的常见故障　　泵 P412A 坏	泵 P412A 坏： （1）关闭泵 P412A 的后阀 V4102； （2）关闭泵 P412A； （3）关闭泵 P412A 的前阀 V4101。 启用泵 P412B： （1）打开泵 P412B 的前阀 V4117； （2）打开泵 P412B； （3）打开泵 P412B 的后阀 V4118
阀卡	打开旁通阀： 　打开调节阀 FV4020 的旁通阀 V4003，使其开度为 50%。 FV4020 阀卡： （1）关闭调节阀 FV4020 的前阀 V4105； （2）关闭调节阀 FV4020 的后阀 V4106

任务二　装置操作

学习目标：

一、知识目标

（1）能概述萃取装置的开车操作规程；

（2）能概述萃取装置的停车操作规程；

（3）能列举交接班记录的基本要素。

二、技能目标

（1）能按照操作规程要求完成萃取装置的开车操作；

（2）能完成本岗位交接班记录，完成穿戴个人防护用品；

（3）能完成正常操作的情况下根据生产需要对萃取装置各项指标的调控以及对生产负荷的调控，按要求记录装置运行的工艺参数；

（4）能按照操作规程要求完成萃取装置的停车操作。

任务实施：

1　工艺流程简介

1.1　工作原理

利用化合物在两种互不相溶（或微溶）的溶剂中溶解度或分配系数的不同，可使化合物从一种溶剂内转移到另外一种溶剂中；经过反复多次萃取，将绝大部分的化合物提取出来。

分配定律是萃取方法理论的主要依据。物质对不同的溶剂有着不同的溶解度，在两种互不相溶的溶剂中，加入某种可溶性的物质时，它能分别溶解于两种溶剂中。实验证明，在一定温度下，该化合物与此两种溶剂不发生分解、电解、缔合和溶剂化等作用时，此化合物在两液层中之比是一个定值。不论所加物质的量是多少，都是如此。用公式表示，即：

$$C_A / C_B = K$$

式中　C_A，C_B——分别表示一种化合物在两种互不相溶的溶剂中的摩尔浓度；

　　　K——一个常数，称为"分配系数"。

有机化合物在有机溶剂中一般比在水中溶解度大。用有机溶剂提取溶解于水的化合物是萃取的典型实例。在萃取时，若在水溶液中加入一定量的电解质（如氯化钠），利用"盐析效应"以降低有机物和萃取溶剂在水溶液中的溶解度，常可提高萃取效果。

要把所需要的化合物从溶液中完全萃取出来，通常萃取一次是不够的，必须重复萃取数次。利用分配定律的关系，可以算出经过萃取后化合物的剩余量。

1.2　流程说明

本装置是通过萃取剂（水）来萃取丙烯酸丁酯生产过程中的催化剂（对甲苯磺酸）。具体工艺如下。

将自来水通过泵 P001A/B 及阀 V02T101 送进催化剂萃取塔 T101，当界位调节器 LIC101 为 50% 时，关闭阀 V01T101 或者泵 P001A/B 及阀 V02T101；开启泵 P003A/B 将含有产品和催化剂的主物流在 E101 冷却后进入催化剂萃取塔 T101 的塔底；开启泵 P002A/B，将作为萃取剂的水从顶部加入。泵 P003A/B 的流量由流量控制表 FIC101 控制在 20000kg/h；泵 P002A/B 的流量由控制表 FIC102 控制在 2000kg/h；萃取后的丙烯酸丁酯主物流从塔顶排出，进入塔 T102；塔底排出的水相中含有大部分的催化剂及未反应的丙烯酸，一路返回反应器循环使用，一路去重组分分解器作为分解用的催化剂，表 9-1 是萃取过程中用到的物质。

表 9-1　萃取过程中用到的物质

组分	名称	分子式
H_2O	水	H_2O
BuOH	丁醇	$C_4H_{10}O$
AA	丙烯酸	$C_3H_4O_2$
BA	丙烯酸丁酯	$C_7H_{12}O_2$
D-AA	3-丙烯酰氧基丙酸	$C_6H_8O_4$
p-TSA	对甲苯磺酸	$C_7H_8O_3S$

2　冷态开车规程

2.1　开车准备

进料前确认所有调节器为手动状态，调节阀和现场阀均处于关闭状态，机泵处于关停状态。

（1）灌水：

1）打开泵 P001A 的前阀 V01P001A，启动泵 P001A，打开泵的后阀 V02P001A（或者打开泵 P001B 的前阀 V01P001B，启动泵 P001B，打开泵的后阀 V02P001B）。

2）打开手阀 V02T101，对萃取塔 T101 进行灌水。

3）当 T101 界面液位 LIC101 的显示值接近 50%，关闭阀门 V02T101。

4）依次关闭泵 P001A 的后阀 V02P001A，停泵 P001A、前阀 V01P001A（或者依次关闭泵 P001B 的后阀 V02P001B，停泵 P001B、前阀 V01P001B）。

5）打开 T101 塔顶出口阀 V03T101。

（2）启动换热器：

打开 FV104 前后阀 FV104I 和 FV104O，调节 FV104 开度为 50%，对换热器 E101 通冷却水。

（3）引反应液：

1）开泵 P003A 的前阀 V01P003A，启动泵 P003A，打开后阀 V02P003A（或者开泵 P003B 的前阀 V01P003B，启动泵 P003B，打开后阀 V02P003B）。

2）全开调节器 FV101 的前后阀 FV101I 和 FV101O，开启调节阀 FV101，使其开度为 50%，将反应液经热换器 E101，送至 T101。

（4）引萃取剂：

1）打开泵 P002A 的前阀 V01P002A，启动泵 P002A，打开后阀 V02P002A（或者打开泵 P002B 的前阀 V01P002B，启动泵 P002B，打开后阀 V02P002B）。

2）全开调节器 FV102 的前后阀 FV102I 和 FV102O，开启调节阀 FV102，使其开度为 50%，将萃取剂送至 T101。

（5）全开萃取塔：

1）全开调节器 FV103 的前后阀 FV103I 和 FV103O，开启调节阀 FV103，使其开度为 50%，将 T101 塔底的部分液体返回反应器循环使用。

2）全开调节器 FV105 的前后阀 FV105I 和 FV105O，开启调节阀 FV105，使其开度为 50%，将 T101 塔底的另外部分液体送至重组分分解器，作为分解用的催化剂。

（6）调至平衡：

1）FIC102 的流量接近 2000kg/h，且界面液位 LIC101 稳定在 50% 左右时，将 FIC102 投串级，LIC101 投自动；

2）FIC101 的流量接近 20000kg/h 时，投自动；

3）FIC103 的流量接近 130kg/h 时，投自动；

4）FIC105 的流量接近 2695kg/h 时，投自动；

5）TIC101 温度接近 35℃，且 FIC104 的流量接近 20000kg/h 时，将 FIC104 投串级，TIC101 投自动。

2.2　正常操作规程

熟悉工艺流程，维持各工艺参数稳定；密切注意各工艺参数的变化情况，发生突发事故时，应先分析事故原因，并做正确处理。

2.3　停车操作规程

（1）停主物料进料：

1）将 FIC101 置为手动状态，开度调整为 0，关闭调节阀 FV101 的前后阀 FV101I 和 FV101O。

2）关闭泵 P003A 的后阀 V02P003A，停泵 P003A、前阀 V01P003A。

（2）停萃取剂：

1）将 FIC102 置为手动状态，开度调整为 0，关闭调节阀 FV102 的前后阀 FV102I 和 FV102O。

2）关闭泵 P002A 的后阀 V02P002A，停 P002A，关闭前阀 V01P002A。

（3）萃取塔 T101 泄液：

1）全开阀 FV103B，同时将 FIC103 置为手动状态，开度调为 100%。

2）全开阀 FV105B，同时将 FIC105 置为手动状态，开度调为 100%。

3）当 FIC103 的值小于 0.5kg/h 时，关闭 FV103B，将 FV103 的开度置为 0，关闭其前后阀 FV103I 和 FV103O；同时关闭 FV105B，将 FV105 的开度置为 0，关闭其前后阀 FV105I 和 FV105O。

4）将 FIC104 改投手动控制，关闭流量控制阀 FV104 及其前后阀 FV104I、FV104O。

5）手动关闭 LIC101 和 TIC101。

3　岗位要求

3.1　准备工作

（1）进入车间前劳保用品要穿戴整齐。

（2）检查车间卫生情况，如若地面设备肮脏、工具摆放不整齐，要立刻打扫整理。检查设备是否溢漏，若溢漏，则即刻通知主任派人修理。

（3）对各个储罐体积和水表数据进行登记，并检查再生剂、反萃剂和高压液是否充足。

（4）查看上班操作记录和化验结果以便本班进行调整，填写本班操作记录，调整各参数。

3.2 交接班

交接班要完整。交接班时，上一班要把工作情况详细地向下一班交代清楚。如设备运行情况、试剂配置情况、取样情况、卫生打扫情况、工具借进借出情况等。

3.3 实验记录

（1）实验记录要对设备运行情况、试剂配置情况、取样情况、卫生打扫情况、工具借进借出情况详细记录，时间准确，不得随便涂改。

（2）实验记录要对聚结器放水，各个聚结器放水的量和放水时间准确记录。

（3）实验记录要对每个水表每个储罐的数据准确记录。

（4）妥善保管实验记录和化验分析结果。

3.4 注意事项

（1）有机相是有机溶剂，氢氧化钠是强碱，对皮肤腐蚀性都很强，操作时要注意安全，修理设备时要戴上手套；修理管道时管道口不要对着自己和他人。不小心弄到皮肤上后要及时用洗洁精清洗。

（2）萃取车间通有蒸汽管道，操作设备时要注意安全，不要被管道或蒸汽烧伤。

（3）生产产品质量要求很严，使用试剂时不要将试剂弄混，不要将设备弄混，各个泵和调频器参数不要乱动，否则会生产出不合格的产品。

（4）操作设备时要严格按照操作规程作业，否则将会对自己造成重大伤害，给公司造成重大损失。

4 工作任务单

项目九	萃取装置操作
任务二	装置操作
班级	
时间	
小组	

续表

任务内容	一、简述萃取的启动、停止的操作规程。 二、简述萃取岗位的岗位职责和交接班的基本要素。 三、简述在实际生产中萃取生产负荷的调控方法。 四、简述萃取岗位的安全注意事项。
任务中的疑惑	

任务三　设备的维护与保养

学习目标：

一、知识目标

能概述萃取装置的日常保养维护注意事项。

二、技能目标

能完成对萃取装置常见问题的日常保养。

任务实施：

1　运行前检查工作

由相关操作人员组成装置检查小组，对本装置所有设备、管道、阀门、仪表、电气、分析等按工艺流程图要求和专业技术要求进行检查。

（1）检查所有仪表是否处于正常状态。

(2) 检查所有设备是否处于正常状态。

(3) 试电：

1) 检查外部供电系统，确保控制柜上所有开关均处于关闭状态。

2) 开启外部供电系统总电源开关。

3) 打开控制柜上空气开关。

4) 打开电源开关以及空气开关，打开仪表电源开关；查看所有仪表是否上电，指示是否正常。

5) 将各阀门顺时针旋转操作到关的状态。

2 原料检查

(1) 检查轻相储槽，到其容积的 1/2~2/3。

(2) 检查重相储槽，控制在 1/2~2/3。

3 日常操作注意事项

萃取操作及注意事项

操作步骤	操作要点	简要说明	现象	注意事项
准备	选择较萃取剂和被萃取溶液总体积大 1 倍以上的分液漏斗。检查分液漏斗的盖子和旋塞是否严密	检查分液漏斗是否泄漏的方法：通常先加入一定量的水，振荡，看是否泄漏		①不可使用有泄漏的分液漏斗，以保证操作安全。②盖子不能涂油
加料	将被萃取溶液和萃取剂分别由分液漏斗的上口倒入，盖好盖子	萃取剂的选择要根据被萃取物质在此溶剂中的溶解度而定，同时要易于和溶质分离开，最好用低沸点溶剂。一般水溶性较小的物质可用石油醚萃取；水溶性较大的可用苯或乙醚，水溶性极大的用乙酸乙酯	液体分为两相	必要时要使用玻璃漏斗加料
振荡	振荡分液漏斗，使两相液层充分接触	振荡操作一般是把分液漏斗倾斜，使漏斗的上口略朝下	液体混为乳浊液	振荡时用力要大，同时要绝对防止液体泄漏
放气	振荡后，让分液漏斗仍保持倾斜状态，旋开旋塞，放出蒸气或产生的气体，使内外压力平衡		气体放出	切记放气时分液漏斗的上口要倾斜朝下，而下口处不要有液体
重复振荡	再振荡和放气数次			操作和现象均与振荡和放气相同

续表

操作步骤	操作要点	简要说明	现象	注意事项
静置	将分液漏斗放在铁环中,静置	静置的目的是使不稳定的乳浊液分层。一般情况须静置10min左右,较难分层者须更长时间静置	液体分为清晰的两层	在萃取时,特别是当溶液呈碱性时,常常会产生乳化现象,影响分离。破坏乳化的方法有: ①较长时间静置。 ②轻轻地旋摇漏斗,加速分层。 ③若因两种溶剂(水与有机溶剂)部分互溶而发生乳化,可以加入少量电解质(如氯化钠),利用盐析作用加以破坏;若因两相密度差小发生乳化,也可以加入电解质,以增大水相的密度。 ④若因溶液呈碱性而产生乳化,常可加入少量的稀盐酸或采用过滤等方法。 消除根据不同情况,还可以加入乙醇、磺化蓖麻油等消除乳化
分离	液体分成清晰的两层后,就可进行分离。分离液层时,下层液体应经旋塞放出,上层液体应从上口倒出	如果上层液体也从旋塞放出,则漏斗旋塞下面颈部附着的残液就会把上层液体沾污	液体分为两部分	
合并萃取液	分离出的被萃取溶液再按上述方法进行萃取,一般为3~5次。将所有萃取液合并,加入适量的干燥剂进行干燥	萃取次数多少,取决于分配系数的大小		萃取不可能一次就萃取完全,故须较多次地重复上述操作。第一次萃取时使用溶剂量常较以后几次多一些,主要是为了补足由于它稍溶于水而引起的损失
蒸馏	将干燥了的萃取液加到蒸馏瓶中蒸去溶剂,即得到萃取产物		分别得到萃取溶剂和产物	对易于热分解的产物,应进行减压蒸馏

4　工作任务单

项目九	萃取装置操作
任务三	设备的维护与保养
班级	
时间	
小组	
任务内容	一、萃取日常运行中应当注意的事项。 二、萃取装置操作注意事项有哪些?
任务中的疑惑	

任务四　异常现象的判断与处理

学习目标:

一、知识目标

(1) 能概述乳化现象产生的原因，概述防止乳化现象的措施。

(2) 能概述絮凝物产生的原因，概述处理絮凝物的措施。

(3) 能概述萃取常见故障现象产生的原因。

二、技能目标

(1) 能完成萃取的异常现象的报告，掌握防止乳化现象的方法。

(2) 能完成对絮凝物的处理。

(3) 完成萃取装置常见故障现象的识别。

任务实施：

1　知识准备

1.1　絮凝物产生的原因

在大多数溶剂萃取生产时，往往都会受到絮凝物的影响。絮凝物是由有机相、料液和固体微粒组成的稳定乳化物。它的存在使得分相速度变慢，导致分相困难，同时由于絮凝物的夹带作用造成萃取剂损失增大，增加生产成本。影响絮凝物产生的因素很多，如何有效地减少和抑制絮凝物的产生，是萃取过程中的一个重要课题。下面以铜萃取过程中絮凝物产生的原因及其控制措施为例进行初步的探讨。

絮凝物是一种油包水型或水包油型的乳化物，由有机相、水相和固体微粒组成，一般存在于水相和有机相之间，形成稳定的第三相。有时还夹杂有空气而漂浮在有机相表面，形成漂浮絮凝物。导致形成絮凝物的固体微粒的主要成分是硅、铝、铁以及一些由 α-石英、云母、黏土、铁矾和石膏组成的晶体矿物。物相分析表明，某工厂絮凝物的固体微粒中硅以 SiO_2 胶体、铝以 $Al(OH)_3$ 胶体、铁以 $Fe(OH)_3$ 胶体形式存在，它们组成了絮凝物的基本骨架，具体成分见表9-2。

表9-2　絮凝物固体微粒化学成分

成分	SiO_2	Al_2O_3	Fe_2O_3	CaO	MgO	MnO_2	S	C	Cu	As
含量/%	48.52	13.43	6.87	0.94	2.09	0.20	0.30	15.89	0.008	0.035
	35.58	18.26	7.88	1.42	1.85	0.43	0.22	10.53	0.015	0.023

絮凝物产生的原因很多，可以从料液、有机相以及萃取操作三个方面进行分析。

1.1.1　料液的影响

1.1.1.1　料液中固体微粒的影响

固体微粒主要来源于料液中的悬浮物，还有环境中的尘埃以及在铜的浸出—萃取—电积中，不溶阳极的粉状脱落物。料液中的固体微粒对絮凝物的产生起促进作用，一旦被吸附到絮凝物上它又成为一种稳定剂，使絮凝物的乳化结构更加趋于稳定。

因此，从堆场底部汇集的浸出液一般不宜直接进入萃取系统，而要先汇集于集液池。集液池的作用一是贮存浸出液，使泵送萃取段的液流稳定；二是澄清料液。因此，集液池应有足够的容量，输液泵应安装在远离集液池入液口处，泵吸入口应离池底 0.5m 以上，以避免吸入沉积于池底的固体物质。经过自然澄清或砂滤处理后，使进入萃取系统的固体微粒含量控制在 $10×10^{-4}$% 以下。另外萃取槽和储槽加盖可以大大减少尘埃的进入。电积时应采用由 Pb-Ca-Sn 或 Pb-Ca-Sn-Sr 组成的三元或四元合金作为阳极，使阳极脱落物呈片状而沉于槽底。

1.1.1.2　料液中有机物的影响

料液中的有机物主要有三个来源：一是动植物死后的分解产物（如腐殖酸）和繁殖的细菌、藻类；二是选矿时残留的浮选药剂以及浸出过程中添加的絮凝剂等表面活性剂；三是槽体在防腐时所用材料中的易溶成分，如在槽体采用沥青防腐时，部分易挥发的有机物会溶解于水相中。这些具有表面活性的有机物在酸性环境下会形成有机溶胶,导致絮凝物的形成。有试验结果表明,当有机物含量达到 5mg/L 以上时,就会产生大量的絮凝物。

要排除有机物的影响,需要对堆场进行预处理。在筑堆以前,对堆场的底板要进行处理,或加塑料垫层,或在清除植被后用黏土夯实,其目的除了防止渗漏外,还可以抑制细菌的繁殖,减少或消除絮凝物的产生。沿堆场周边修建排水沟,可以防止雨水流进堆场,带入泥土、杂草、腐殖质等杂质进入料液。同时应选用对萃取过程影响小的絮凝剂和浮选药剂,并控制加入量。进入浸出料液的有机物可以通过吸附法除去。

1.1.1.3　料液中无机离子的影响

料液中无机离子主要包括可溶性硅及铁、铝、钙等金属离子。当料液 pH 值为 2 左右时,料液中的硅一般呈 α 形态接近于单分子状态(即原硅酸或简单的偏硅酸),此时不致影响溶液的澄清过滤。萃取时由于料液酸度变化较大,α 形态硅酸会聚集成一种巨大的疏松网状结构,即 β 形态的硅酸聚合物,这种聚合物有较高的表面能,比表面积很大,本身又带电荷,很容易在表面吸附有机溶剂形成中间层,而这种中间层又容易包裹料液中固体微粒产生"滚雪球"似的效应,使絮凝物迅速积累、膨胀。当浸出料液 pH 值偏高,尤其是超过 Fe、Al 的水解 pH 值时,会生成 $Fe(OH)_3$、$Al(OH)_3$ 胶体。采用调整料液 pH 值的方法可以有效地破坏胶体,使 Fe、Al 以离子形态出现。因此控制料液的 pH 值,减少胶体物质的产生,对防止絮凝物的产生很关键。硫酸钙溶解度较低,当溶液中钙离子浓度偏高时,容易形成硫酸钙沉淀,也会促进絮凝物的形成。

1.1.1.4　料液中氧化剂的影响

当料液中有氯酸根、次氯酸根、双氧水、铬酸根、高锰酸根等氧化剂存在时,萃取过程中容易氧化萃取剂和稀释剂,它们的氧化产物通常具有一定的表面活性,容易形成絮凝物。因此当料液中含有氧化剂时,进入萃取系统之前应加入还原剂如亚硫酸钠或亚铁离子进行还原。

1.1.2　有机相的影响

1.1.2.1　稀释剂的影响

铜萃取过程一般要求选用磺化煤油作稀释剂,但由于磺化煤油的价格高于普通煤油,有些工厂实际采用普通煤油。由于普通煤油不饱和烃含量较高,一般在 2.4% 以上,这些不饱和烃在料液、酸和辐射的共同作用下,容易产生具有表面活性的降解产物。当这些降解产物积累到一定浓度时,会显著降低两相的表面张力,形成絮凝物。

因此在生产中最好采用磺化煤油。如采用普通煤油,使用前必须进行预处理;同时定期对循环有机相进行净化处理,除去有机相中的表面活性物质,以有效地减少絮凝物的产生。

1.1.2.2　萃取剂的影响

铜萃取过程中,萃取剂与料液和反萃剂长期反复接触,会通过贝克曼重排、水解、氧化、磺化、硝化等途径逐渐降解,降解产生含羰基、羧基、羟基及酰胺等具有表面活性的极性两亲分子。当这些降解产物积累到一定浓度时,会显著降低两相的表面张力,形成絮凝物。另外在电积过程中,采用纯铅板或 Pb-Sb 二元合金做阳极时,脱落物通常呈粉状而弥散在整个电解液体系中,这些脱落物一般是由 PbO_2、CaO_2 以及 MnO_2 组成,具有极强的氧化性,在反萃时它们被夹带进入反萃段,导致萃取剂的氧化降解,使萃取剂的萃取能力下降，严重时将导致萃取剂中毒，使萃取无法正常运行。

1.1.2.3　回收有机相的影响

在生产过程中，从各种途径回收的有机溶剂（如跑、冒、滴、漏到地沟中的、萃余液澄清池中回收的）往往会被污染，其中可能含有大量的固体微粒。如果这些有机溶剂不经处理就直接返回系统，就会促进絮凝物的产生，甚至污染整个有机相。

1.1.2.4　有机相浓度过大

萃取过程中有机相浓度越高、温度越低，有机相的黏度也越大，越容易产生絮凝物。因此设计萃取工艺时应选择合适的萃取剂浓度。

1.1.3　萃取操作的影响

1.1.3.1　空气的卷入

空气卷入有机相有两种途径：一是搅拌速度控制不当，液面形成涡流，空气从混合室上部进入有机相；另一种是混合室较小而叶轮转速较快，空气从混合室底部进入有机相。因此，除了控制稳定、适宜的搅拌强度以外，对混合室和叶轮也有一定的要求，通常要求叶轮直径在混合室宽度的 2/3～3/4 倍之间。空气的影响主要表现在固体微粒对气体的吸附作用上。在搅拌过程中，空气被分散成细小气泡后，与絮凝物包裹在一起，形成一种黏着力很强的絮凝物气囊，进一步促进了絮凝物的产生。而且由于空气的影响，絮凝物体积膨胀，比重轻于有机相，于是絮凝物便充斥在整个有机相中，并浮到有机相上层形成漂浮絮凝物。

1.1.3.2　相连续选择不合理

根据絮凝物的特性，油包水型的絮凝物其大部分体积应该在水相中，水包油型的絮凝物其大部分体积应该在有机相中。因此，为了使生成的絮凝物存在于水相中，或者至少是将絮凝物体积压缩在界面上，不向有机相扩散，就必须使萃取保持有机相连续。正常条件下，相比 O/A 在 1.1～1.2 之间就能保证有机相连续，但当料液中含有一定的固体微粒或胶体物质时，有机相连续就很难保持，容易造成萃取转相，生成水包油型的絮凝物，分散在有机相中。将相比 O/A 调整到 1.3 以上，能有效地解决有机相连续、容易转相和絮凝物漂浮在有机相中的问题，大幅度减少絮凝物的产生。

1.1.3.3　絮凝物没有定期处理

产生的絮凝物如果得不到及时处理，当积累到一定程度时，混合室最佳的相连续就会失调。絮凝物在有机相中积累，由于逆流操作，有机相将絮凝物带入有机相储槽和反萃系统，将造成反萃混合室转相，直至整个系统失调，整个萃取箱中均充满絮凝物，这种现象在工业上称"泥流"。大多数工厂的生产经验都表明，及时处理积累的絮凝物是解决"泥流"的最好方式。

1.2　乳化现象的处理方法

（1）物理破乳技术：

1）过滤样品。若水样混浊，悬浮物>1%，过滤水样后进行分析可以减小乳化程度；该方法简单且减轻乳化现象效果明显。

2）长时间静置。将乳浊液加盖放置过夜，一般可分离成澄清的两层，该方法普遍适用。

3）水平旋转摇动分液漏斗。轻度乳化造成界面不清时，可将分液漏斗在水平方向上缓慢地旋转摇动，这样可以消除界面处的"泡沫"，促进分层；该方法简单易行，对于轻度的乳化现象有很好的消除效果。

4）用力甩摇分液漏斗。对于中度乳化现象的样品，如果水平旋转摇动分液漏斗无明显效果，则可以盖上塞子，用力甩摇分液漏斗；该方法效果明显，片刻即可出现沉降物，静置片刻，即可弃去絮状沉淀。

5）离心分离。对于中重度乳化现象，可将乳化混合物移入离心分离机中，进行高速离心分离。实验证明该方法对于重度乳化现象效果明显且省时。

6）用电吹风加热乳化层。该方法适用性不强，但是也具有一定的破乳效果。

7）超声法破乳。该方法的缺点是每次只能超声少量乳化液，且不能加热，要随时监视溢出损失现象。

8）冷冻法。将乳化液放入冰箱的冷冻室过夜，水被冷冻后，取出慢慢融化，即可破乳。

9）乳化液过滤法。漏斗中放置少许玻璃棉（或脱脂棉）及无水硫酸钠，对乳化液和有机相进行过滤。该方法应注意的是脱脂棉要进行丙酮的索氏抽提，确保污染的消除；另外为消除玻璃棉（脱脂棉）对目标物的吸附，可用多次少量有机溶剂辅助完全转移。

10）添加重蒸水。当乳化现象严重，采用以上的一种或多种措施不能有效破乳时，转移乳化液至清洁的另一个分液漏斗，加入3倍于乳化液的二次重蒸水，轻轻翻转2~3次分液漏斗，静置让其分层。该方法经实验证明，配合其他破乳手段，有很好的效果。

（2）化学破乳技术：

1）采用比重接近1的溶剂进行萃取时，萃取液容易与水相乳化，这时可加入少量的乙醚，将有机相稀释，使之比重减小，容易分层。

2）补加水或溶剂，再水平摇动。向乳化混合物中缓慢地补加水或溶剂，再进行水平旋转摇动，则容易分成两相。至于是补加水，还是补加溶剂更有效，可将乳化混合物取出少量，在试管中预先进行试探。这个比较有讲究，当所要的有机溶剂在上层，最好补加密度较小的乙醚，否则就补加密度较大的二氯甲烷或者氯仿。

3）加乙醇。对于有乙醚或氯仿形成的乳化液，可加入5~10滴乙醇，再缓缓摇动，促使乳化液分层。但此时应注意，萃取剂中混入乙醇，由于分配系数减小，有时会带来不利的影响。

4）对于乙酸乙酯与水的乳化液，加入食盐、硫酸铵或氯化钙等无机盐，使之溶于水中，可促进分层。另外，将乳化部分取出，小心地温热至50℃，或用水泵进行减压排气，都有利于分离。对于由乙醚形成的乳化液，可将乳化部分分出，装入一个细长的筒形容器中，向液面上均匀地筛撒充分脱水的硫酸钠粉末。

5）加盐。加几滴饱和硫酸钠溶液或者少量无水硫酸钠晶体到样品中，并轻轻搅动水相。

6）铜线法。用一根清洁的铜线，在末端圈一个平的环，将其放入乳化层，轻轻地上下移动1~2min。

7）酸洗。向萃取液中加入浓硫酸，然后开始轻轻震荡（注意放气），然后激烈震荡5~10s，静置分层后弃去下层硫酸。然后重复操作数次，直到硫酸层为无色为止。净化后向有机层中加入25mL 2%的硫酸钠水溶液洗涤三次，弃去水相；本净化方法不适合测定遇酸分解物质。

2　常见故障原因分析及处理

序号	故障现象	产生原因分析	处理思路	解决办法	备注
1	重相无液体流动	输水管路堵塞、离心泵不工作	检查离心泵及管路		
2	油水界面升高	出水管路堵塞	检查管路		
3	筛板不运动	电机损坏	检查萃取塔和电机		
4	设备突然停止仪表柜断电	停电或设备有漏电地方	检查仪表柜电路		

3　工作任务单

项目九	萃取装置操作
任务四	异常现象的判断与处理
班级	
时间	
小组	
任务内容	一、概述乳化现象及防止乳化现象的方法。 二、说出产生絮凝物的原因。 三、说出萃取装置常见的故障及处理方法。
任务中的疑惑	

萃取装置技能训练方案

实训班级：　　　　　　　　　　　指导教师：

实训时间：　　　年　　月　　日，　　节课。

实训时间：

实训方式：

实训目的：

（1）掌握萃取操作技能。

（2）了解萃取常见故障及处理方法。

教学方法与过程：

（1）在明确实训任务的前提下，老师一边讲解一边操作，同时学生跟着操作。

（2）每组学员分别练习，教师辅导。

（3）学生根据萃取装置操作技能评价表自我评价，交回本表。

（4）教师评价，并与学员讨论解决操作中遇到的故障。

技能实训 1　识图技能训练

（1）识读萃取实训装置的工艺流程图，对照实物熟悉流程能详述流程。

（2）识读萃取实训装置的仪表面板图，对照实物熟悉仪表面板的位置，会仪表的调控操作及参数控制。

技能实训 2　指定浓度原料液配制技能训练

实训要求原料液浓度约为苯甲酸含量 0.2%（质量分率）的煤油溶液。以准备 40L 煤油溶液为例练习配置。

（1）加入苯甲酸量的确定：

苯甲酸原料液浓度＝溶质苯甲酸 A 质量（kg）/原溶剂煤油 B 质量（kg）

已知煤油密度＝800kg/m³

煤油体积 40L＝0.4m³

$$溶质苯甲酸 A 质量(kg)＝原溶剂煤油 B 质量（kg）×苯甲酸原料液浓度$$
$$＝煤油体积×煤油密度×苯甲酸原料液浓度$$
$$＝0.4×800×0.002＝0.064kg＝64g$$

（2）原料的配置：

1）首先将 40L 的煤油溶液加入到原料液储罐 V103 中。

2）用托盘天平称取约 64g 苯甲酸，放入玻璃烧杯中，用少许煤油溶解后倒入原料液储罐。

3）混料操作。首先关闭 VA123、VA126、VA116、VA117 等阀门，打开 VA122、VA118 两阀门，开启轻相泵，使原料循环流动充分混合。此过程大约持续 10~15min。

4）从取样口 A103 取样大约 30mL，滴定分析确定原料浓度，符合要求，即可开始后续操作。

技能实训 3　萃取相和萃余相进出口浓度分析方法技能训练

用容量分析法测定各样品浓度方法如下：

（1）配置好 0.01mol/L 左右的 NaOH 标准溶液及酚酞指示剂备用。

（2）萃取相（水相）浓度分析。用移液管移取水相样品 25mL，放入 250mL 锥形瓶，以酚酞做指示剂，用 NaOH 标准溶液滴定，至样品由无色变为紫红色即为终点。

（3）萃余相（煤油相）和原料液浓度分析。用移液管移取煤油相样品 20mL，放入 250mL 锥形瓶中，然后再移取 20mL 的去离子水，放入瓶内充分摇匀，以酚酞做指示剂，用 NaOH 标准溶液滴定样品由无色至紫红色即为终点。注意滴定中要边滴定边充分摇动。

（4）溶液浓度计算。

萃余相浓度计算：

$$X_{Rt} = \frac{V_{NaOH} \times N_{NaOH} \times M_{苯甲酸}}{20 \times 800}, \text{ kg 苯甲酸 /kg 煤油}$$

萃取相浓度计算：

$$Y_{Eb} = \frac{V_{NaOH} \times N_{NaOH} \times M_{苯甲酸}}{25 \times 1000}, \text{ kg 苯甲酸 /kg 水}$$

注意：水密度应以当时操作温度条件下的密度为准。

技能实训 4　熟悉萃取岗位操作规程技能训练

（1）关闭萃取塔排污阀（V19）、萃取相储槽排污阀（V23）、萃取塔液相出口阀（及其旁路阀）（V33、V21、V22）。

（2）开启重相泵进口阀（V25），启动重相泵（P202），打开重相泵出口阀（V27），以重相泵的较大流量（40L/h）从萃取塔顶向系统加入清水，当水位达到萃取塔塔顶（玻璃视镜段）1/3 位置时，打开萃取塔重相出口阀（V21、V22），调节重相出口调节阀（V33），控制萃取塔顶液位稳定。

（3）在萃取塔液位稳定基础上，将重相泵出口流量降至 24L/h，萃取塔重相出口流量控制在 24L/h。

（4）打开缓冲罐入口阀（V02），启动气泵，关闭空气缓冲罐放空阀（V04），打开缓冲罐气体出口阀（V05），调节适当的空气流量，保证一定的鼓泡数量。

（5）观察萃取塔内气液运行情况，调节萃取塔出口流量，维持萃取塔塔顶液位在玻璃视镜段 1/3 处位置。

（6）打开轻相泵进口阀（V16）及出口阀（V18），启动轻相泵，将轻相泵出口流量调节至 12L/h，向系统内加入苯甲酸-煤油饱和溶液，观察塔内油-水接触情况，控制油-水界面稳定在玻璃视镜段 1/3 处位置。

（7）轻相逐渐上升，由塔顶出液管溢出至萃余分相罐，在萃余分相罐内油-水再次分层，轻相层经萃余分相罐轻相出口管道流出至萃余相储槽，重相经萃余分相罐底部出口阀后进入萃取相储槽，萃余分相罐内油-水界面控制以重相高度不得高于萃余分相罐底封头

5cm 为准。

（8）当萃取系统稳定运行 20min 后，在萃取塔出口处取样口（A201、A203）采样分析。

（9）改变鼓泡空气、轻相、重相流量，获得 3~4 组实验数据，做好操作记录。

技能实训5 制定萃取岗位操作记录表格技能训练

萃取岗位操作原始数据记录表　　　　　　　　　　　日期：

序号	时间	变频		流量/L·h⁻¹				温度/℃					压力/kPa	
		S1 UF1	S2 UF1	FI 101	FIC 102	FI 103	FIC 104	TI 101	TIC 102	TI 103	TIC 104	TI 105	PI 101	PI 103

萃取岗位操作溶液浓度分析数据记录表　　　　　　　　日期：

序号	时间	塔底轻相样品体积/mL	消耗标液NaOH/mL	塔顶轻相样品体积/mL	消耗标液NaOH/mL	塔底重相样品体积/mL	消耗标液NaOH/mL

技能实训6 轻相泵开停车操作技能训练

利用对原料液储罐的循环操作进行练习。

循环路径为：P102—VA118—V103—VA122—P102。

（1）检查离心泵是否处于良好状态；检查泵的出入口管线、阀门、法兰等是否完好；压力表指示是否为零；检查循环回路是否顺畅，检查 V103 内液位应达到 2/3 以上。

（2）关闭离心泵出口阀门 VA118（即原料液回路调节阀）、VA124，打开阀门 VA120、VA122。

（3）按下轻相泵启动按钮（绿色按钮）启动泵，打开 VA124，待离心泵出口压力达到 0.08MPa 左右时，缓慢打开出口阀门 VA118，形成循环流动；可逐渐增大阀门开度，调节流量。

（4）运转中注意检查泵内有无噪声和振动现象，压力表和电流表指针摆动是否稳定，检查动密封泄漏状况，保持泵体和电机的清洁。

（5）关泵时，先关闭出口阀门 VA118（防止倒流），再切断电动机电源停电动机（按下红色按钮）；关闭压力表旋塞。

（6）若较长时间不使用，应利用阀门 VA126 将泵和管路内的积液放净，以免锈蚀和冰冻。

技能实训 7　重相泵开停车操作技能训练

利用对重相液储罐的循环操作进行练习。

循环路径为：P101—VA103—V1031—VA108—P101。

请参照轻相泵开停车操作步骤进行练习。

技能实训 8　脉冲电机开、停车及脉冲频率调节控制操作技能训练

（1）检查萃取塔、溶液储罐、加热器、管道等是否完好，阀门、分析取样点是否灵活好用，机泵试车是否正常，电器仪表是否灵敏准确。

（2）向重相液储罐 V101 加水至 3/4 处。

（3）顺次关闭阀门 VA118、VA103、VA101、VA112、VA113、VA109。打开阀门 VA108，然后启动重相泵 P101，打开 VA109，当出口压力达到 0.02MPa 左右时，打开 VA101，使流体通过流量计从萃取塔顶进入。转子流量计可控制较大流量，以尽快使塔内液位达到要求。塔内重相液位达到塔顶扩充段时，停泵，关闭 VA101。

（4）启动调速电机开关（按下绿色按钮），将频率控制在 50Hz，观察往复式筛板的运动情况及液体流动状态。

（5）改变振动电机频率 70Hz，观察往复式筛板的运动情况及液体流动状态。熟练掌握其操作后，切断调速电机电源（按下红色按钮）。

技能实训 9　连续萃取实训装置的开、停车操作及正常维护操作技能训练

（1）配置好苯甲酸浓度约 0.2% 的煤油溶液 40~50L，置于原料液储罐 V103 中备用。

（2）重相泵开车。请按技能实训 8 中前三项内容进行操作，注意当塔内重相液位达到扩充段时，关小阀门 VA101 开度，减小流量至 20L/h 并保持。打开阀门 VA113。

（3）轻相泵开车。请参照技能实训 6 前两项进行。

（4）启动轻相泵后，打开 VA124，待离心泵出口压力达到 0.08MPa 左右时，缓慢开启 VA116，调节流量约 20L/h。

（5）启动调速电机开关（按下绿色按钮），将频率控制在 50Hz，观察往复式筛板的运动情况、萃取塔内液滴分散情况及液体流动状态。

（6）操作中，注意随时调节维持两相流量的稳定，15 分钟左右记录一组数据，保持稳定状态，此时塔顶轻相液位逐渐上升，通过萃余分离罐流入萃余相储罐。同时油水分离界面上升到设定值，电磁阀门 VA114 开启，使萃取相从塔底经 VA113，流入萃取相储罐。

（7）维持稳定传质状态 30 分钟，分别从 A103 塔底轻相取样口（原料液取样口）、A104 塔顶轻相取样口（萃余相取样口）、A102 萃取相取样口取样，用容量分析法测定各个样品浓度，并作好记录。

（8）改变振动电机振动频率 70Hz，观察往复式筛板的运动情况、萃取塔内液滴分散情况及液体流动状态，并与 50Hz 时的液滴分散状态进行比较，获得最直接的感性认识。

（9）维持稳定传质状态 30 分钟，分别从 A103 塔底轻相取样口（原料液取样口）、A104 塔顶轻相取样口（萃余相取样口）、A102 萃取相取样口取样，用容量分析法测定各个样品浓度，并作好记录。

（10）实训结束后，先关闭两相流量计 VA101 和 VA116 阀门停止加料，再关停调速电机，然后关停轻相泵、重相泵，最后切断总电源。

（11）做好实训收尾工作，保持实训装置和分析仪器干净整洁，一切恢复原始状态。滴定分析后的废液集中存放和回收。

萃取操作技能评价表

技能实训 名称	萃取操作	班级		指导教师			
		时间		小组成员			
		组长					
实训任务	考核项目				分值	自评得分	教师评分
萃取的工作流程	1. 识图技能。				5		
	2. 指出各个设备的名称和作用。				4		
萃取开车操作	1. 指定浓度原料液配制。				10		
	2. 掌握开车操作步骤。				20		
	3. 萃取相和萃余相进出口浓度分析方法有哪些？				10		
	4. 轻、重相泵开停车操作。				5		
萃取的正常操作	1. 制定萃取岗位操作记录表格。				5		
	2. 脉冲电机开、停车及脉冲频率调节控制操作。				5		
	3. 萃取装置的日常维护。				10		
萃取的正常停车	1. 掌握萃取的正常停车操作步骤。				20		
	2. 停车后是否做到工完场地清？				6		
综 合 评 价					100		

参 考 文 献

[1] 北京东方仿真软件技术有限公司.TDC3000 单元仿真操作系统操作说明书［M］.北京：化学工业出版社，1998.

[2] 周立雪，周波.传质与分离技术［M］.北京：化学工业出版社，2002.

[3] 刘爱民，陆小荣.化工单元操作实训［M］.北京：化学工业出版社，2002.

[4] 陶贤平.化工单元操作实训［M］.北京：化学工业出版社，2007.

[5] 董伟.石油化工单元过程及操作［M］.北京：科学出版社，2015.

[6] 汤金石，赵锦泉.化工过程及设备［M］.北京：化学工业出版社，2008.

[7] 付梅莉，蒋定建.石油化工流体输送单元操作［M］.北京：石油工业出版社，2010.

[8] 刘盛宾，苏建智.化工基础［M］.北京：化学工业出版社，2005.

[9] 申奕.化工单元操作技术［M］.北京：中央广播电视大学出版社，2011.

[10] 张弓.化工原理（上、下）［M］.北京：化学工业出版社，2001.